CONTENTS

PATCH WORK 拼布教室

Winter Edition 2020 no. 17

簡易製作的波奇包，在拼布小物的品項中格外受到歡迎。本期刊載了各種款式的拉鍊波奇包，並將漂亮接縫拉鍊的技法進行解說，初學者也可以輕鬆學會！若能精湛地完成拉鍊接縫，即可提高作品完成度，作為贈禮之用。書中收錄傳統圖案「房屋」造型的拼布作品集，良好的配色技巧，能神奇地襯托出主角，因此也強力推薦給初學者。不妨趁著窩在家裡的冬季，多作一些作品，待春天來臨，就能完成各式各樣的房屋圖形，作為裝飾新年家居的美麗家飾。

隨書附贈

原寸紙型＆拼布圖案

60th Anniversary 2017

U0086773

描繪四季の花草貼布縫

攝影／山本和正

由尾崎洋子老師繪製，組合了四季花草圖案的出色作品。本期是以山茶花的圖案，再搭配山歸來與草珊瑚，非常適合新春過年的應景配置。

布料提供／株式会社moda Japan

①

展現出和風美學的山茶花藝配置

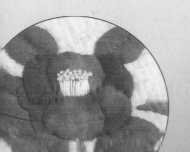

以紅色的山茶花為主角，搭配上草珊瑚點綴。由於這兩者皆具茂盛的綠葉，因此再添加僅有樹枝與紅色果實的山歸來，維持視覺上的平衡感。草珊瑚的花朵是利用能作出豐沛感的捲線繡表現。

設計｜製作／尾崎洋子
57.5×50.5cm　作法P.104

側肩包上綻放著
小巧可愛的水仙花

惹人憐愛的水仙花從區塊之間露出了花顏。將摺疊布片製作的
「方形鑽石」及以貼布縫製作水仙花圖案的「四拼片」組合而
成。

設計・製作／尾崎洋子　20×25cm　作法P.104

②

於袋口處接縫
拉鍊口布。

攝影／腰塚良彦（作法步驟） 山本和正 插圖／木村倫子

完美製作
拉鍊波奇包

搞定了令人棘手的拉鍊接縫技法之後，不妨擴大波奇包製作的範圍吧！
接下來為大家一一介紹從基本的款式到個性獨具的類型。

key+key

③　④

以人氣的刺蝟圖案為主角的扁平款與附側
身的橢圓款。橢圓形款式是直接活用圖
案，並在圖案上再重疊刺繡。

刺蝟圖案布料提供／株式会社moda Japan

設計・製作／大本京子
圖左 16×18cm　圖右 9×12cm
作法P.85

紅色×黑色的VISLON®拉鍊
（塑鋼拉鍊）為特色點綴。
胚布選用藍色布料製作，
打開包包時的顏色對比，饒富樂趣。
於拉鍊的下方接縫下側身後，
進而縫製而成。

有3處袋口的三段拉鍊波奇包。於已進行車縫壓線的本體上，再將圖案進行貼布縫的簡單設計顯得格外耳目一新。由於是扁平的包款，因此特別適合用來收納平版電腦或記事本等物品。

設計・製作／橫田弘美　20.5×29㎝

作法P.84

5

只要將上下接縫了拉鍊的本體
對摺成半，
再將脇邊進行滾邊，
即可在中間形成口袋。
為了能更容易辨識，
可以改變拉鍊的顏色與拉片裝飾。

另一側則是將
1片提籃的圖案
進行貼布縫。

可變化出多種設計樂趣的基本型

將圓形對摺成半製作，宛如扇形般的半
圓形波奇包。以刺繡與珠子點綴布片的
接縫處，使設計更為雅緻。

設計・製作／山本輝子　8.5×21.5cm

於中心處
接縫包釦。

⑥

波奇包

●材料

各式拼接用布片　鋪棉、胚布
各25×25cm　滾邊用寬3.5
cm斜布條70cm　長20cm拉鍊
1條　直徑1.5cm包釦用芯釦1
顆　直徑0.2cm小圓珠45顆
釦眼車縫絹線適量
※刺繡與珠子請於壓線之後再
　行接縫。

1. 進行布片拼接，疊合鋪棉與胚布之後，
　進行壓線，將周圍進行滾邊。

中心
0.8cm滾邊
拉鍊
接縫位置
珠子
羽毛繡
袋底
中心
A
將包釦以
藏針縫固
定於中心處
落針壓縫
20

原寸紙型

A

2. 對齊中心，接縫拉鍊。

星止縫
中心
（背面）

3. 將脇邊進行捲針縫，並縫合側身。

（背面）

②縫合側身。

①正面相對對摺，
以捲針縫縫至拉鍊
接縫位置。

4

③往上摺疊，
進行挑縫。

包釦

（背面）
包釦用芯釦

原寸裁剪
直徑3cm布片
（背面）

→

（正面）

從前片跨至後片，進行黑貓與美人魚圖案的貼布縫。活用縱長設計的樂趣之處，也是此款包型的特色。

設計・製作／由田ひろ子　16.5×23㎝

後片側俏皮地露出黑貓的捲尾巴與美人魚的尾鰭。

⑦

⑧

波奇包

●材料

各式貼布縫用布片　台布55×40cm（包含滾邊部分）　鋪棉、胚布各45×25cm　長33cm拉鍊1條　25號繡線適量　僅限作品No.7長1.5cm水晶貼鑽1顆　僅限作品No.8直徑0.2cm珠子適量
※在台布上進行貼布縫與刺繡之後，製作表布。
※珠子與水晶貼鑽請於壓線之後，再行固定。

※貼布縫圖案原寸紙型B面⑯

1. 製作表布，疊上鋪棉與胚布之後，進行壓線。 將周圍以滾邊進行收邊處理。

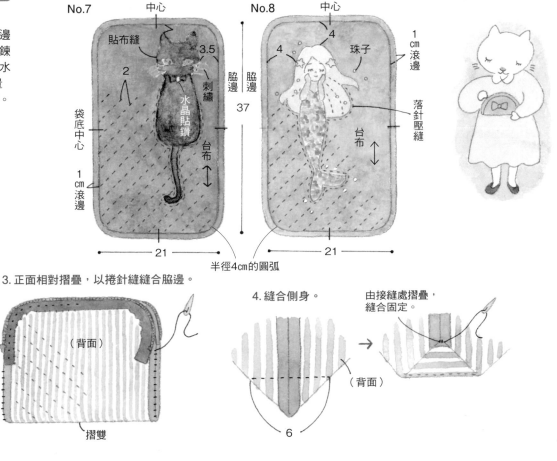

No.7

中心
貼布縫
3.5
刺繡
水晶貼鑽
脇邊
袋底中心
台布
1cm滾邊
2
1cm滾邊

No.8

中心
4
珠子
4
脇邊
落針壓縫
台布
1cm滾邊
刺繡

37

21

21

半徑4cm的圓弧

2. 接縫拉鍊。

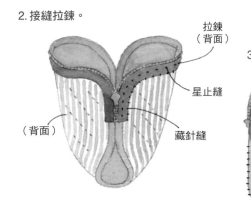

拉鍊（背面）
星止縫
藏針縫
（背面）
摺雙

3. 正面相對摺疊，以捲針縫縫合脇邊。

（背面）

4. 縫合側身。

（背面）
6
由接縫處摺疊，縫合固定。

以線軸圖案製作的小巧拼布波奇包，是將2片已縫合了尖褶的布片正面相對疊合後，再加以縫製而成。因為造型簡單，故把重點集中在配色上，也是不錯的作法。
設計／Quilt Studio Be you
製作／岩佐和代　片山千佳子　佐藤陽子
17×21.5cm

波奇包

●材料

各式拼接用布片　後片用布50×25cm（包含滾邊部分）　鋪棉、胚布各55×20cm　長19cm拉鍊1條

※拼接布片A（參照P.77），製作前片的表布，疊合鋪棉與胚布之後，進行壓線。後片亦以相同方式進行壓線。

※原寸紙型A面②

1. 將前片與後片進行壓線。

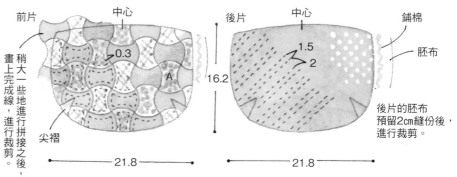

前片　　中心　　　　後片　中心　　　　鋪棉

胚布

0.3

1.5
2

A

16.2

稍大一些地進行拼接之後，畫上完成線，進行裁剪。

尖褶

後片的胚布預留2cm縫份後，進行裁剪。

21.8　　　　　　　21.8

原寸紙型

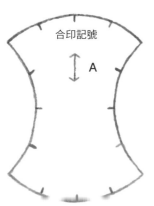

合印記號

A

2. 縫合尖褶。

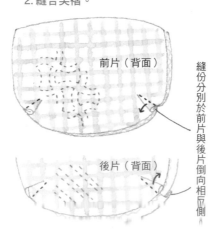

前片（背面）

後片（背面）

縫份分別於前片與後片倒向相反側

3. 將前片與後片正面相對疊放之後，縫合。

以胚布包捲縫份後，進行藏針縫

1

前片（背面）

後片（正面）

4. 將袋口進行滾邊，接縫拉鍊。

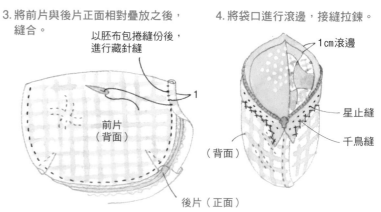

1cm滾邊

星止縫

千鳥縫

（背面）

將2片袋身脇邊縫合之後，再接縫上橢圓形袋底的2款波奇包。左側款附上提把。右側款則是以圓弧線條呈現典雅氣息。

設計／馬場茂子
製作／左 辻鼻浩美　16.5×20cm
　　　右 木村篤子　14.5×19cm
作法P.86

只要於波奇包上安裝可任意取下的提把，即可變身成迷你手提袋。提把的五金則選用背帶型肩帶。將前片與後片疊合後，縫合成袋狀。

設計・製作／武居絹子
15.5×22cm　作法P.87

附側身款式

附有寬版拉鍊側身的方型款，最適合作為化妝包使用。將袋底與袋身作成一片式剪接之後，再與側身縫合。茶色與藍色的配色格外時尚。

設計・製作／本島育子　7.5×14㎝　作法P.88

13

將袋身與圓弧的袋側側身縫合後製作而成。由於袋身製作得比側身更加向上，並接縫長拉鍊，袋口可以大大的敞開。

設計・製作／酒井まゆみ
15.5×24㎝　作法P.87

14

於前中心接縫拉鍊
■■■■■■■■■■■■

以筆袋造型呈現出令人熟悉的形狀。接縫拉鍊之後，縫製而成。拉鍊可隨著接縫位置，改變視覺效果。

設計／岩崎美由紀
製作／圖左 松村厚子　9×18cm
圖右 竹田好栄　8.5×18cm

15

16

波奇包

●材料（1件的用量）
各式拼接用布片　C用布25×20cm（包含吊耳部分）鋪棉、胚布各25×25cm　滾邊用寬4cm斜布條50cm　長20cm拉鍊1條

※作品No.15的拉鍊像是從滾邊露出1cm似的來接縫，作品No.16則像是在關上拉鍊時可隱藏於滾邊內似的接縫固定。（參照P.23）。

1. 進行布片拼接，疊合鋪棉與胚布之後，進行壓線。將袋口進行滾邊。

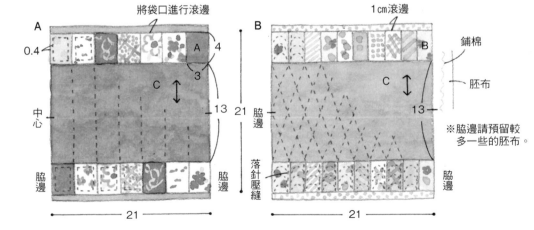

A
將袋口進行滾邊
0.4
C
中心
脇邊
13
21
脇邊
落針壓縫
脇邊
21
4
3

B
1cm滾邊
鋪棉
胚布
C
13
21
脇邊
脇邊
21
※脇邊請預留較多一些的胚布。

吊耳

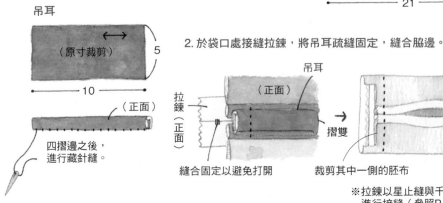

（原寸裁剪）
5
10
（正面）
四摺邊之後，進行藏針縫。

2. 於袋口處接縫拉鍊，將吊耳疏縫固定，縫合脇邊。

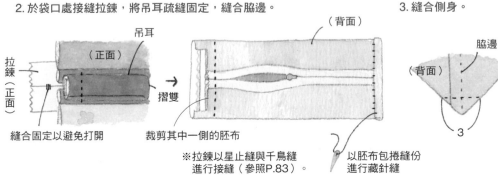

吊耳
（正面）
拉鍊
（正面）
摺雙
（背面）
縫合固定以避免打開
裁剪其中一側的胚布

※拉鍊以星止縫與千鳥縫進行接縫（參照P.83）。

3. 縫合側身。

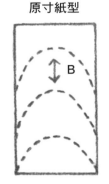

脇邊
（背面）
3
以胚布包捲縫份進行藏針縫

原寸紙型

B

大量的口袋

17

亦可充當成袋中袋的大型尺寸。無論是前片、後片、內側都附有口袋，收納量極高。

設計／熊谷和子（うさぎのしっぽ）
製作／水野俊枝　15.5×24㎝　作法P.89

內口袋接縫
固定於兩側。

前片口袋的拉鍊接縫至
一半，心形部分則以按
釦作為固定。

於後面的口袋上
接縫蕾絲拉鍊。

一打開拉鍊，就有3處袋口。由於以捲針縫縫合的部分
很多，因此作法比外表看起來更為簡單。大小剛好適合
用來收納存摺等物品的尺寸。

設計・製作／酒井まゆみ
⑱13×19.5cm　⑲12×15cm　作法P.90

中間有一處
口袋。

有2個小小的內口袋，
可用來收納飾品或縫紉
工具。

將大大的水玉點點花樣布
進行刷毛切割拼布製作而
成。將1片本體於內側形
成口袋進行縫製。

設計・製作／石井 零
12×12cm　作法P.88

打開上側的袋口，即可看見內部的夾層。

打開下側的袋口，即可看見內口袋。可放入卡片及各式證件，亦可放入記事本。

21

上下皆有拉鍊袋口的兩用波奇包，於內側的作法與縫製花費不少心力，可將瑣碎物品有效地分別進行收納。

設計・製作／酒井まゆみ
13×19cm

波奇包

●材料

各式拼接用布片、各式貼布縫用布片　鋪棉45×20cm　胚布各85×35cm（包含裡布、內口袋部分）雙膠鋪棉50×20cm　滾邊用布35×35cm（包含吊耳部分）　長16cm・30cm拉鍊各1條　25號茶色繡線適量

※進行布片拼接與貼布縫之後，製作前片的表布，疊合鋪棉與胚布之後，進行壓線。後片亦以相同方式進行壓線。

※原寸紙型B面⑰-B

1. 將前片與後片進行壓線，並將袋口進行滾邊。

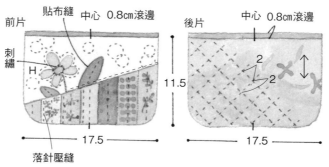

前片
貼布縫
中心　0.8cm滾邊
刺繡
H
落針壓縫
11.5
17.5

後片
中心　0.8cm滾邊
2　2
11.5
17.5

2. 將前片與後片對接，縫上拉鍊。

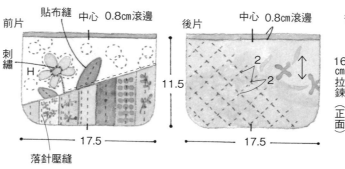

後片（正面）
將滾邊的邊緣由正面進行星止縫之後，接縫拉鍊。
16cm拉鍊（正面）
前片（正面）

3. 製作內口袋。

1（背面）
（原寸裁剪）
摘雙
17
20

正面相對對摺之後，縫合成筒狀。

（背面）
↓
雙膠鋪棉（防黏紙面）
16×20cm（原寸裁剪）
6.5
錯開接縫處
熨斗整燙

待棉徹底冷卻後，撕下防黏紙　翻至正面再次以熨斗進行整燙。

4. 製作裡布，接縫內口袋。

20
（原寸裁剪）　6.5
事先於口袋進行布邊縫
縫合
內口袋（正面）
30
裡布（正面）
雙膠鋪棉
裡布（背面）

①將2片裡布背面相對疊合，並於中間包夾雙膠鋪棉，再以燙斗進行燙貼。
②將口袋縫合固定。

5. 將步驟2與4背面相對疊合，並將周圍進行滾邊。

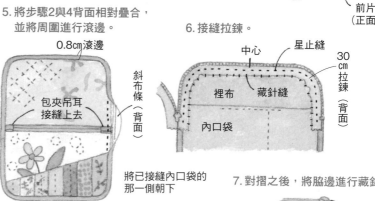

0.8cm滾邊
斜布條（背面）
包夾吊耳接縫上去

將已接縫內口袋的那一側朝下

吊耳
（2片）（原寸裁剪）
3
摘雙
4

6. 接縫拉鍊。

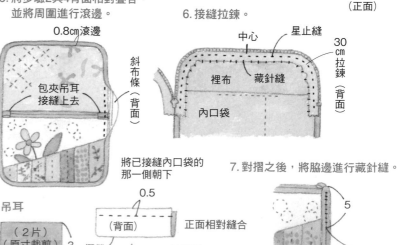

中心　星止縫
裡布　藏針縫
內口袋
30cm拉鍊（背面）

0.5
（背面）
摘雙
（正面）
正面相對縫合
翻至正面進行布邊縫。

7. 對摺之後，將脇邊進行藏針縫。

5

各種造型的波奇包

▶水桶形波奇包◀

於袋身上將房屋圖案進行了一圈貼布縫。抓取袋口的兩端,於其中一邊接縫提把,於另一邊接縫釦絆,製成可將提把單邊取下的設計。

設計・製作／ちゅうじょうすみこ
17×20cm　作法P.91

釦絆與拉片裝飾也作成了房屋圖案的造型。
將提把的單邊與釦絆以磁釦固定。

22

▶茶杯造型波奇包◀

以荷葉邊造型使袋口更顯可愛的設計。提把是粗版的蠟繩。關鍵在於拉鍊的接縫位置設計在袋口的稍微下側之處。

設計・製作／岩崎美由紀
7.5×14.5cm　作法P.90

23

拉鍊的兩端露於外側，並綴飾上花樣蕾絲。

▶抓褶飾花的六角形波奇包◀

彷彿將YOYO球封印一般，蓬鬆飽滿的抓褶波奇包。
適合用來收納小粉盒與唇膏等小物的適中尺寸。

設計・製作／円座佳代　11×13㎝

波奇包

●材料

台布・側身用布40×35㎝
抓褶布55×10㎝　雙膠鋪棉
30×15㎝　直徑2㎝包釦用
芯釦2顆　5.5×2.5㎝花樣
蕾絲2片　長16㎝拉鍊1條
包釦用布適量

※袋身底布與鋪棉的原寸紙
型A面⑳

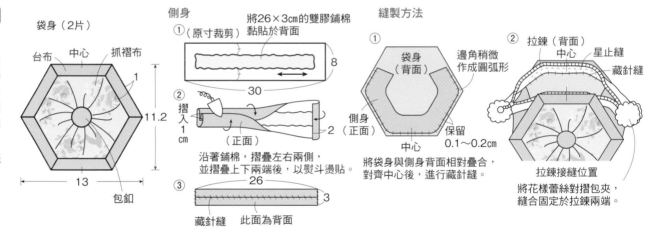

袋身（2片）

台布　中心　抓褶布

包釦

11.2

13

側身

① （原寸裁剪）

將26×3㎝的雙膠鋪棉黏貼於背面

8

30

② 摺入1㎝

（正面）

沿著鋪棉，摺疊左右兩側，
並摺疊上下兩端後，以熨斗燙貼。

③ 26

3

藏針縫　此面為背面

縫製方法

①

袋身（背面）

邊角稍微作成圓弧形

側身（正面）

中心

保留0.1～0.2㎝

將袋身與側身背面相對疊合，
對齊中心後，進行藏針縫。

② 拉鍊（背面）

中心　星止縫

藏針縫

拉鍊接縫位置

將花樣蕾絲對摺包夾，
縫合固定於拉鍊兩端。

袋身

摺入1㎝

1 裁剪原寸裁剪55×10㎝的抓褶布，將兩端摺入1㎝之後，對摺成半，並以熨斗整燙。

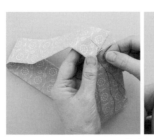

2 對齊兩端，挑針4片布端，進行捲針縫，縫合成圈狀。

止縫點是從始縫點出針。

摺雙側

3 縫合非摺雙側。以大約0.7～0.8左右的粗針目進行縫合，拉緊縫線，收束成圓形。

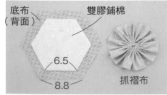

底布（背面）　雙膠鋪棉

6.5

8.8

抓褶布

4 於底布上置放雙膠鋪棉，再放上已束成圓形的抓褶布，以熨斗燙貼，將兩者貼合。

5 將底布摺疊2次，以珠針固定，挑針至鋪棉處，進行立針縫。由布邊的中心開始進行藏針縫，第6針則是將第1針的布邊打開後，以藏針縫縫至邊角處，再次重新摺疊定位後，再將第1邊的剩餘處進行藏針縫。

6 製作包釦，以藏針縫縫合固定於中心處。

▶三角柱體波奇包◀

以袋身與2片三角側身製作。只要將接縫了一圈的拉鍊全部打開，就很容易拿取其中物品，因此非常適合用來收納筆類或手藝類工具。

設計・製作／高須あつみ　8.5×24cm　作法P.92

粽子形波奇包是將拉鍊接縫於中心處，所以更容易拿取其中的內容物。三角錐造型適用於收納糖果。由於吊耳作成長長的線圈狀，因此亦可充當成聖誕樹的掛飾使用。長版的粽子形則可作為筆袋使用。

設計・製作／㉖後藤洋子　25.5×8.5cm
㉗岩崎美由紀　高10cm　作法P.91・P.92

▶粽子形波奇包◀

巧手接縫拉鍊的小祕訣

依照基本的款式區別，解說拉鍊縫製漂亮的訣竅。
一起完成漂亮的波奇包吧！

指導／橫田弘美

將已進行滾邊的本體對摺後，接縫拉鍊。

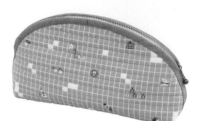

重點在於對齊中心，避免歪斜。

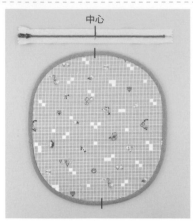

1 準備周圍已進行滾邊的本體與拉鍊，兩者皆將中心處作記號。

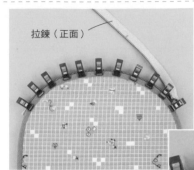

2 將正面側朝上，並於背面貼放上拉鍊，對齊中心，疏縫固定於袋口處。由正面檢視，以僅看得見拉鍊排齒為基準。在此階段，以強力夾固定。

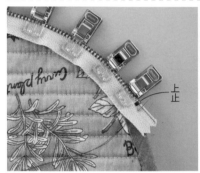

3 由背面往上止0.5cm外側入針，進行一針回針縫之後，再以全回針縫縫合。縫合拉鍊排齒算起0.5cm左右下方的織目轉折處。

織目的轉折處

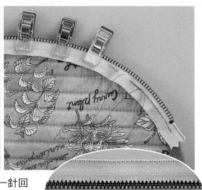

4 縫合至下止的0.5cm外側為止，止縫點進行一針回針縫。

5 暫時先關閉拉鍊，對齊另一邊的中心。若是維持原來打開的狀態對齊，則可能發生位置偏移的情況。

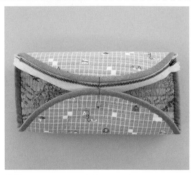

6 再次打開拉鍊，依照步驟**2**的相同方式，疏縫固定。

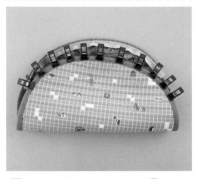

7 依照相同方式以回針縫接縫固定。下止側請保持在之前接縫側的相同位置。

請保持在之前接縫側的相同位置

8 進行收邊處理。如圖所示，稍微傾斜摺疊，並由邊角處開始進行藏針縫。露出的部分請以針尖往內摺。

由此處開始進行藏針縫

9 由袋底中心開始正面相對對摺。如圖所示，只要以手指整理袋底處，邊端的滾邊就不會起皺。

10 以強力夾固定後，以捲針縫縫合脇邊。由內側入針，再於邊角出針，排齊布端，以細針目縫合。始縫點進行回針縫。

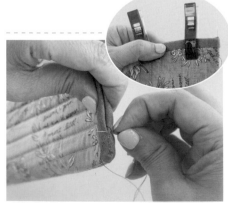

11 以捲針縫縫合至拉鍊的上止0.3、0.4cm下側為止，進行回針縫。

12 止縫點是於內側出針，進行止縫點，於出針處入針，拉線之後，將線段拉入夾層之中，剪斷縫線。

翻至正面的模樣。可以漂亮地關閉全拉鍊末端。

將已縫成袋狀的本體袋口處進行滾邊後，接縫拉鍊。

請多加熱練掌握美麗接縫容易偏移的下止側的祕訣。

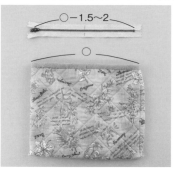

1 請準備比本體的袋口長度再短約1.5～2cm的拉鍊。袋口與拉鍊全部都要作上中心記號。

2 將本體翻至背面，再將維持關閉狀態的拉鍊進行疏縫固定。對齊中心，以強力夾固定。

3 由五金的0.5cm外側至外側為止，依照P.18的相同方式，以回針縫縫合織目的轉折處。

4 另一側打開拉鍊，對齊中心，以強力夾固定。由於下止側偏移，容易造成鼓起狀，因此請如右圖所示，用力地拉緊後縫合。

避免下止側發生鼓起狀的秘訣

以手指按住袋口的滾邊處，進行壓平，將拉鍊移到前面。以便將滾邊的拉鍊排齒置於滾邊的上端。

一邊以手指按住，一邊於滾邊處入針，於拉鍊處出針，進行一針回針縫之後，開始縫合。

以回針縫縫合至上止的0.5cm外側為止。依照P.18的相同方式，以藏針縫縫合邊端，進行收尾處理。

露出拉鍊的一端接縫固定

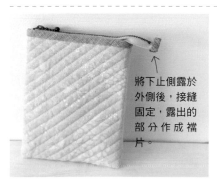

將下止側露於外側後，接縫固定，露出的部分作成褶片。

1 請準備比本體的袋口長度再長約1～2cm的拉鍊。

2 將上止對齊脇邊針趾處算起1cm的位置，並以強力夾固定，由上止的0.5cm外側開始進行回針縫，縫合至脇邊算起2cm內側處。

3 關閉拉鍊，並以強力夾固定另一邊。由脇邊的2cm內側開始進行回針縫，縫合至上止的0.5cm外側。

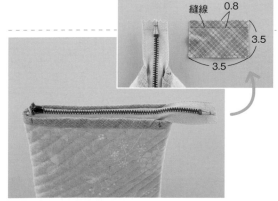

4 將拉鍊接縫固定的模樣。以布片包覆露於外側的下止側尾端。

縫線 0.8
3.5
3.5

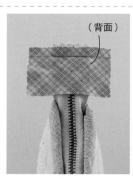

（背面）

將已於背面畫上縫線的布片正面相對置放於拉鍊上縫合。包捲兩側脇邊，進行三摺邊之後，以強力夾固定，進行藏針縫。

將袋口進行滾邊之後，縫合脇邊。

由於是在扁平的狀態下接縫拉鍊，因此易於縫合。

① 準備好已將袋口進行滾邊的本體，及比本體袋口長度再短2cm的拉鍊。於袋口與拉鍊的中心處作記號。

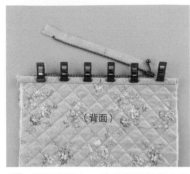

（背面）

② 將正面朝上，並於背面貼放上拉鍊，對齊中心處，以強力夾固定。依照P.18的相同方式，由背面以回針縫接縫固定。

③ 在接縫另一片的拉鍊時，請先對齊袋口的中心。

④ 對齊中心後，將拉鍊進行疏縫固定。

⑤ 以回針縫縫合固定，並將尾端進行藏針縫。兩端不需要進行收邊處理。

⑥ 於背面畫上脇邊的完成線，並由袋底中心開始對摺，對齊脇邊的記號，以珠針固定，並於記號稍微外側之處進行疏縫。

⑦ 車縫脇邊。由袋底側朝向袋口側進行縫合。

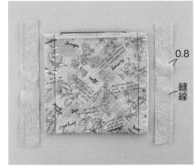

0.8
縫線

⑧ 使用寬4cm的斜布條包捲脇邊的縫份。斜布條比脇邊長約5cm左右，並於背面畫上0.8cm的縫線。

⑨ 將脇邊的記號與斜布條的縫線對齊後，以珠針固定並縫合。只要將上方的布片挑針縫合即可。

⑩ 沿著斜布條裁剪掉縫份的多餘部分。

⑪ 以斜布條包捲縫份，並以強力夾固定。

⑫ 將兩端露出的斜布條摺往內側，一起包裹。

⑬ 將斜布條的邊端進行立針縫。

也可以利用多留的胚布包捲脇邊的縫份。

將拉鍊直接縫合固定於袋口處

不進行滾邊，直接將拉鍊縫合固定，會更整齊美觀（P.5的波奇包）。

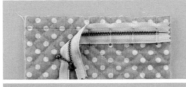

① 將本體袋口的記號處與拉鍊的織目轉折處正面相對疊合後，以珠針固定，並進行車縫。若為手縫的情況，請進行回針縫。

② 沿著拉鍊將縫份裁剪整齊。

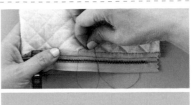

③ 將拉鍊往背面反摺，一邊隱藏縫份，一邊進行藏針縫。

拉鍊側身

周圍側身的拉鍊側身部分或是用來接縫拉鍊的口布，皆可利用表布與裡布進行包夾縫合的方法，及接縫固定於已滾邊口布上的方法。

●包夾縫合的方法

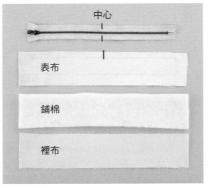

① 依照相同尺寸裁剪表布、裡布、鋪棉，並準備比側身再短約1cm左右的拉鍊。

② 將拉鍊正面相對置放於表布上，並將織目的轉折處與表布的記號處對齊後，以珠針固定。

③ 將裡布正面相對疊合，對齊記號後，以珠針固定。

④ 於表布的背面貼放上鋪棉，並於記號上進行疏縫後，進行車縫。壓布腳則使用拉鍊壓布腳。

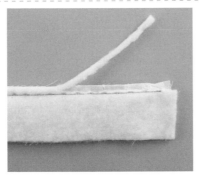

⑤ 於針趾邊緣裁剪鋪棉。

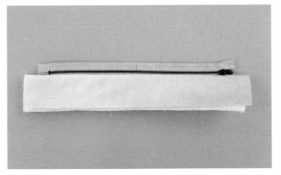

⑥ 翻至正面。因為已經在針趾邊緣裁剪鋪棉，所以可輕鬆俐落地完成縫製，再進行壓線。

●將拉鍊接縫固定於已滾邊的口布上

依照P.20的相同方式接縫拉鍊，與下側身拼接。依據拉鍊接縫位置的不同，拉鍊的呈現方式也會隨之變化，因此請選擇自己喜愛的方式（參照P.23）。

與下側身的接縫處是以斜布條包捲進行收邊處理。

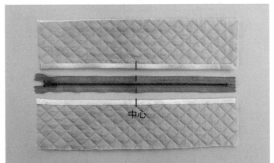

準備比側身再短約1cm左右的拉鍊，並於兩者皆作上中心記號。接縫方法請依照P.20的相同方式製作。

拉鍊的種類

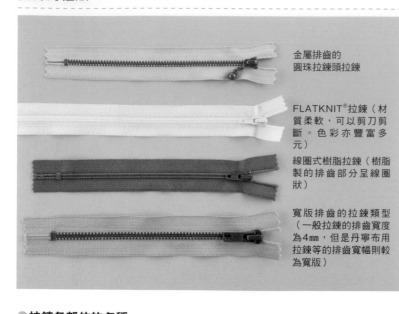

金屬排齒的圓珠拉鍊頭拉鍊

FLATKNIT®拉鍊（材質柔軟，可以剪刀剪斷。色彩亦豐富多元）

線圈式樹脂拉鍊（樹脂製的排齒部分呈線圈狀）

寬版排齒的拉鍊類型（一般拉鍊的排齒寬度為4mm，但是丹寧布用拉鍊等的排齒寬幅則較為寬版）

●拉鍊各部位的名稱

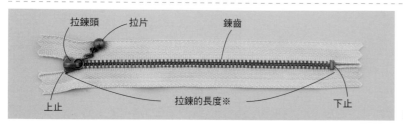

拉鍊頭　拉片　鍊齒

上止　拉鍊的長度※　下止

※從下止至上止的長度。

●創意拉鍊

 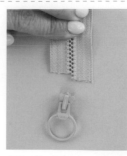 

以單1條作為販售的塑鋼類拉鍊（VISLON®拉鍊）。裁成喜歡的長度，並鑲入拉鍊頭後使用。

1 將2條對接，由邊端處穿入拉鍊頭。只要將排齒稍微錯開，穿入就變得更為容易。

2 穿入拉鍊頭的模樣。

亦可如圖所示使用雙色增加樂趣。

拉鍊各種暫時固定的方法

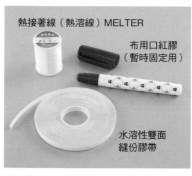

熱接著線（熱溶線）MELTER

布用口紅膠（暫時固定用）

水溶性雙面縫份膠帶

以下介紹除了強力夾或珠針以外，可使用的便利工具。

●水溶性雙面縫份膠帶

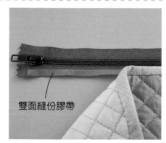

雙面縫份膠帶

由於寬幅為0.6cm，因此亦可黏貼於拉鍊的布帶部分。一經水洗，即可溶於水中消失不見。

●布用口紅膠

如圖所示，像是將黏膠放在上面似的塗抹。待乾燥之後，就會變成透明。

●熱接著線（熱溶線）MELTER

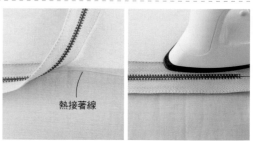

熱接著線

將熱接著線包夾於拉鍊與布片之間，並以熨斗燙貼。

拉鍊的顏色也要再三斟酌

原色或象牙色的拉鍊適於搭配各色的布料。

使用與本體相同色系的拉鍊，營造統一感。

凸顯拉鍊的顏色，以形成作品的特色焦點。

雙色用法的拉鍊請使用本體相近色的顏色。

Q 一旦接縫上拉鍊，竟然變得像波狀起伏一樣。

A 相對於本體袋口的長度，拉鍊的長度是導致此一原因所在。最好使用比袋口的長度再短約1.5～2cm左右的拉鍊。另外，相對於本體的厚度，若拉鍊太薄，也會造成波狀起伏的現象。

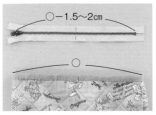

拼接布片一旦過於細緻，就會產生厚度，因此建議使用鍊齒寬幅較寬的拉鍊。左圖為鍊齒寬幅為0.6cm的丹寧布用拉鍊。

Q 2條布帶不一致，關閉拉鍊時，竟然歪七扭八的。 Q 左右兩側的空隙不合。

A 於拉鍊與本體上分別畫上中心記號，使之對齊視為關鍵所在。使其對齊中心後，左右均等地暫時進行固定，待第1條接縫固定後，暫時關上拉鍊，再使其對齊第2條的中心。

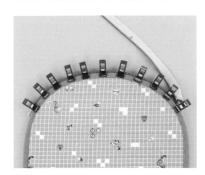

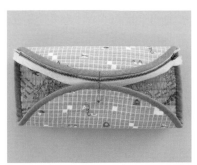

Q 拉鍊的排齒應該露出多少部分才恰當呢？

A 不太想讓拉鍊被看到時，宜縫合上側的織目轉折處；想讓拉鍊變得顯眼時，則應縫合下側的織目轉折處。

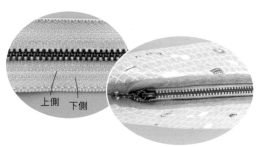

上側　下側

縫合上側的時候

拉鍊側身的情況

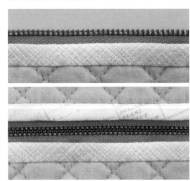

露出較多部分

鍊齒與滾邊的邊緣呈現一致

僅露出鍊齒部分

Q 請教有關將拉鍊長度縮短的方法。

A 一旦進行壓線之後，經常會發生完全縮短，且原本準備的拉鍊反而變長的情況。只要使用對齊本體長度的拉鍊，縫製上就不會出現誤差。

老虎鉗

尖嘴鉗

準備老虎鉗與尖嘴鉗。

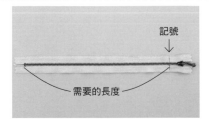

記號

需要的長度

① 在想要拔除鍊齒進行改短的位置畫上記號。

② 使用老虎鉗夾起拔除。

上止

鍊齒（排齒）

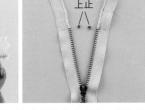

上止

③ 待拔除鍊齒後，再以老虎鉗夾住上止處，從布帶上移除。若施力過當，會造成布帶破損，故請小心留意。

④ 將原本移除的上止，鑲嵌於邊端處，並以尖嘴鉗夾緊。亦可安裝上全新的上止五金。

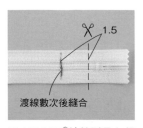

1.5

渡線數次後縫合

FLATKNIT®拉鍊則是在想要改短的位置上以縫線縫合數回，再將多餘部分裁掉。

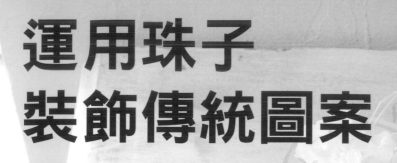

運用珠子
裝飾傳統圖案

攝影／腰塚良彥　山本和正

米永真由美老師針對「襯托出圖案設計的珠子裝飾法」
進行了提案。
在珠繡與壓線的聯合打造之下製作而成。
敬請期待作品典雅的色調。

珠子提供／TOHO株式會社

(28)

以4片圖案製作的小型樣本拼布

只要重點式的裝飾於區塊的中心處，或沿著布片接縫點綴，
即可按照每個圖案的不同，變換裝飾的方法。
飾邊的羽毛繡與菱形花樣的壓線也是一邊穿入珠子一邊刺繡，
使用與布片顏色同色系的珠子，不著痕跡地進行裝飾，
呈現出優雅美妙的作品。

設計・製作／米永真由美　33.5×31.5cm　作法P.99

比布片顏色較深一些的珠子，可作出如同壓線陰影般的效果。

俄亥俄之星

於芥末黃色搭配青銅色的珠子，並於三角形布片所組成區塊的交點上與正方形的中心處接縫成十字。於對角線上一邊進行壓線，一邊接縫上小圓珠。

引路之星

於中心處接縫上重點性的裝飾，並將2種珠子呈對角線接縫，以襯托出放射狀的設計。

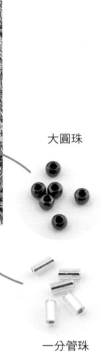

小圓珠

大圓珠

大圓珠

六角珠

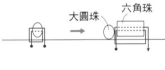

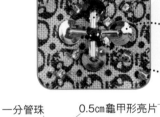

閃亮飾片　　一分管珠

大圓珠

一分管珠

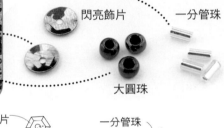

大圓珠

大圓珠　　　　六角珠

①將中心的珠子重複2次縫綴。

大圓珠　六角珠

②由中心的珠子邊緣出針，穿過六角珠，重複2次縫綴。

一分管珠　　　0.5cm龜甲形亮片

大圓珠

①於中心處將大圓珠重複2次縫綴。

大圓珠

0.2cm

0.25cm

②由中心的大圓珠的0.2cm外側出針，並由正面穿過閃亮飾片，往0.25cm（大約是亮片的半徑）外側縫綴。

一分管珠

③由大圓珠的邊緣出針，穿過一分管珠，往亮片孔縫綴。

一分管珠　　　　小圓珠

0.15cm　珠子的寬度

以平針縫一針一針地縫綴。

十三廣場

一邊於珠子的邊緣進行落針壓線，一邊將珠子接縫固定。將光的反射下閃閃發光的六角珠跳一針接縫固定。中心處接縫上一顆大的珠子後，再以小的珠子進行圍繞。

接縫方法請參照 P.27

晨星

像是連接布片的邊角似的一邊穿入小圓珠，一邊進行壓線。在藍色與灰色布料襯托下的金黃色珠子顯得更加美麗耀眼。

火燒珠（角珠）0.4cm　　　大圓珠

六角珠

25

閃閃發光的銀色珠珠
極品迷你手提袋

於雅緻配色的「十三廣場」圖案上，
搭配了無色彩的珠子。
正因為珠子無色的緣故，使得反射與光芒顯得
更為耀眼。
使用雲紋綢或織紋花樣美麗的布料，
讓作品看起來更具質感。

設計・製作／米永真由美　21.5×20㎝
作法P.99

29

以珠子的形狀或素材創造變化的單色運用

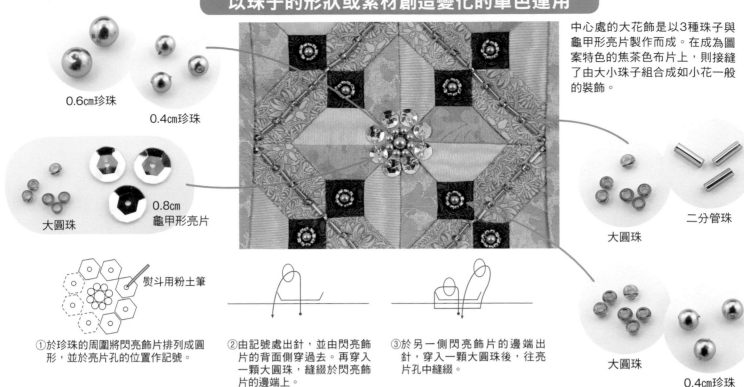

0.6cm珍珠

0.4cm珍珠

大圓珠　0.8cm龜甲形亮片

中心處的大花飾是以3種珠子與龜甲形亮片製作而成。在成為圖案特色的焦茶色布片上，則接縫了由大小珠子組合成如小花一般的裝飾。

大圓珠　二分管珠

大圓珠　0.4cm珍珠

熨斗用粉土筆

①於珍珠的周圍將閃亮飾片排列成圓形，並於亮片孔的位置作記號。

②由記號處出針，並由閃亮飾片的背面側穿過去。再穿入一顆大圓珠，縫綴於閃亮飾片的邊端上。

③於另一側閃亮飾片的邊端出針，穿入一顆大圓珠後，往亮片孔中縫綴。

●圍上一圈珠子進行綴飾

完全適用於點綴的刺繡方法。接縫於周圍的珠子數量請依據珠子的大小進行調整。在此針對縫合於接縫處的中心進行說明。

針具使用細長的手縫針

可樂牌Clover（株）薄布用短針8（四之三）

因為是細針，所以各種大小珠子的孔皆能穿入。另外，亦可使用於壓線。線材則使用拼布手縫線。

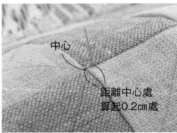

中心

距離中心處算起0.2cm處

1 準備已取好2條的縫線，並於稍微離中心處算起0.2cm左右（大約是珠子的半徑）的位置出針，穿入中心的珠子後，將針刺入接縫處。

2 再次將針穿入珠子的孔中，並刺入接縫處。

由此處出針

0.015cm

3 由距離中心處的珠子算起0.015cm的※接縫處出針。穿入9顆珠子後，環繞於中心處的珠子上，並穿入最初的珠子後，作成圈狀，拉線。
※接縫於周圍的珠子的半徑。

3處渡線

4 將針重新刺回剛才的出針處，並於3個地方渡線後，縫合固定。

●一邊進行壓線一邊接縫珠子的方法

可以一次同時進行珠繡與壓線。隨著每縫一針穿入珠子，並以等間隔挑縫布片的方法即為漂亮縫製作品的祕訣。請一併使用2條線縫製。

1 由下而上出針後，穿入一顆珠子，間隔大約0.3cm左右挑針。請挑縫至胚布處。

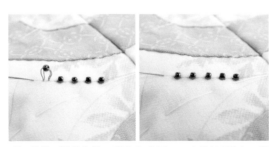

2 拉線。隨著每縫一針穿入珠子，一次挑針3層布，縫合。

3 利用拉線的感覺製作，即可作出壓線的效果。

攝影／山本和正

可愛的房屋圖案

將家的形象具體化的表現出來的房屋圖案,深受拼布人的喜愛。

傳統圖案固然如此,然而無論是重新進行配置,或是從事原創設計,都能夠製作出各種不同房屋的樂趣,亦即其魅力所在。

30

60th Anniversary 2017

併接了鱗次櫛比的房屋圖組

將來自於拼布同好慶祝我花甲之年的房屋圖案一一併接之後,
製作成大型的房屋拼布。以粉紅色格狀長條飾邊將各種不同的
紅色房屋圖案加以統整收束。

設計・製作／阿部優美　82.5×81cm　作法P.93

房屋圖案為簡單的2色運用，顯得非常的合適。
此款壁飾源自於傳統圖案的紅色學校概念，再以紅×白進行配色。

設計・製作／森泉明美　41×41cm　作法P.94

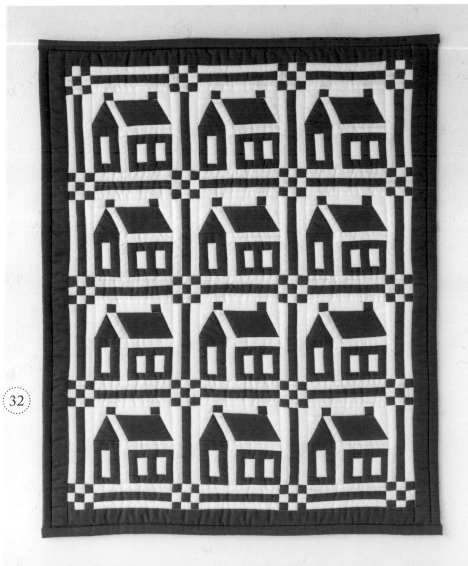

此款壁飾利用藍×白，營造視覺上的強弱對比，
呈現出清晰的配色。
從圖案到之間的格狀長條飾邊皆是以車縫進行拼接。

設計／長谷川幸子　製作／渡辺節子　57×45cm
作法P.93

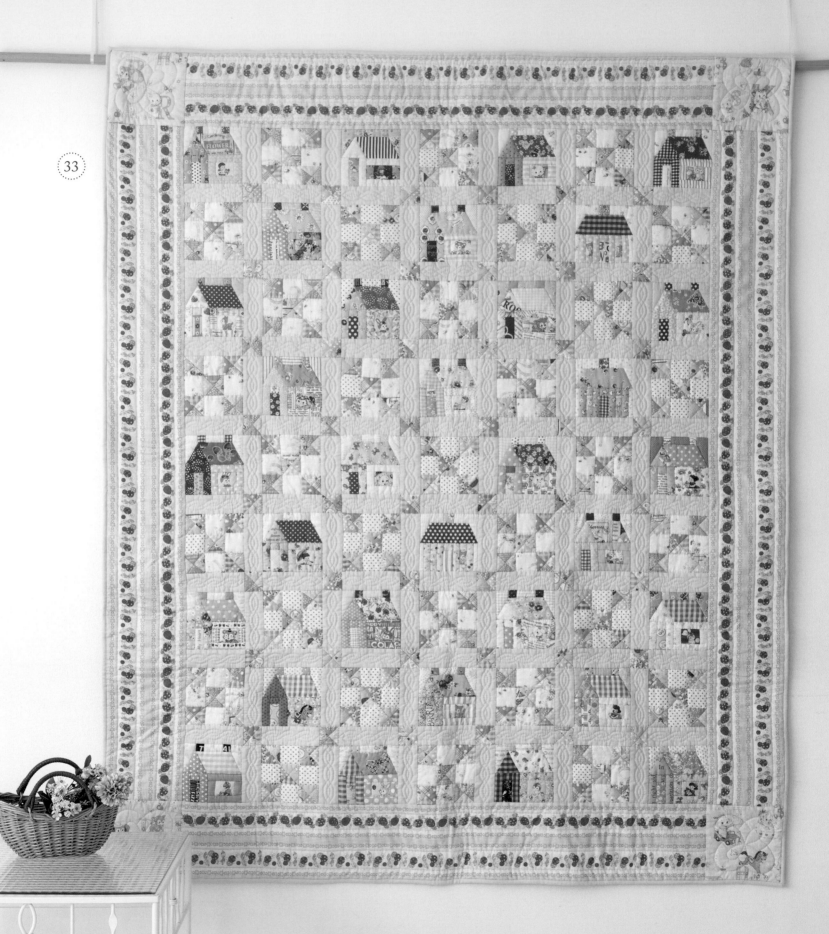

33

利用黃色格狀長條飾邊將2種繽紛多彩的房屋圖案進行統整的拼
布。只要裝飾於牆壁上，即可讓房間瞬間變得明亮。亦可當成小
型床罩使用。

設計・製作／幅井怡子　174×142cm　作法P.95

尖頂房屋

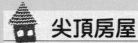

將3個以長方形及三角形布片製作的原創設計房屋並排拼接的布作裝飾框。沿著布片進行刺繡，窗戶與大門也是運用刺繡描繪完成。

設計／佐藤尚子
製作／（由左至右）窪田はる江　山保政代　野本孝子
內徑尺寸18×18cm

裝飾框
●材料（1件的用量）
各式拼接用布片　白色素色布、鋪棉、胚布各25×25cm　25號茶色繡線
適量　內徑尺寸18×18cm相框一個
●作法順序
拼接布片A至D，製作表布→進行刺繡→疊合鋪棉與胚布之後，進行壓線
→捲針縫縫合周圍，包捲背板。
※周圍請預留較多一些的縫份。

原寸紙型

B

AA'

C

窗戶刺繡的變化

1

2.5

縫製方法

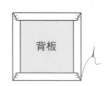

背板

以捲針縫縫合周圍，

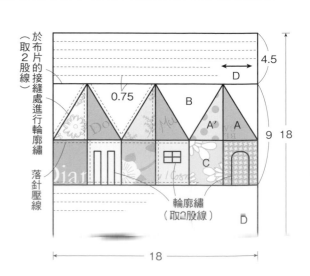

於布片的接縫處進行輪廓繡（取2股線）

落針壓線

輪廓繡（取2股線）

4.5

0.75

B

A' A

C

D

9　18

18

35

將原創設計的鳥巢圖案，
及運用刺繡描繪的小鳥區塊加以組合。
來自於愛鳥週的靈感製作而成。

設計・製作／山出 妙　33×33cm
作法P.94

將公寓般細長形的房屋排列拼接而成的手提袋。
另一面則製成了口袋。
三角形屋頂看起來就像是幾何學的花樣。

平松和美　24.5×30cm　作法P.101

36

房屋的圖案則參考了Hearts & Hands監修的原創圖案。

用來襯托房屋圖案的印花布運用

描繪了建造於森林中房屋的壁飾。將白樺木花樣與聖誕樹花樣的印花
布使用在房屋的底色與圖案間的格狀長條飾邊上,另將木紋花樣印花
布使用於房屋的牆壁。將包釦的雪花與化身為妖精的蘇姑娘進行貼布
縫,成為一件充滿夢幻感的設計。

設計・製作／出口えつ子　46.5×46.5cm　作法P.98

使用於P.34作品中的白樺木花樣與聖誕樹花樣,以及木紋花樣的印花布。
布料提供／株式会社moda Japan

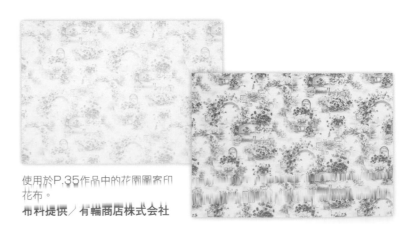

使用於P.35作品中的花闈圖案印
花布。
布料提供／有輪商店株式会社

建造在將抱枕填滿的花園裡的獨棟房屋。
在粉彩色的花園圖案印花布上，
搭配優雅色調的房屋圖案極為相稱。

設計・製作／菊地昌恵　41×41㎝
作法P.96

在沈穩色調的花園圖案印花布上，縫製
了將素雅色彩的房屋作成口袋的壁掛收
納袋。組合了樹木，並裝飾上製作成立
體的長春藤葉子。

設計・製作／菊地昌恵　50×50㎝
作法P.96

在裝飾框上加裝掛勾製作而成的壁掛
鑰匙收納裝飾框。
於校舍旁組合樹木，縫製成長方形的
表布圖案。

設計・製作／山崎良子
內徑尺寸12×17cm　作法P.98

以同色系進行配色
簡約校舍圖案的波奇包。
房屋圖案為2色運用，顯得清爽俐落。

設計・製作／石渡やすえ　14×23cm
作法P.37

將運用繽紛色調的可愛房屋圖案作為手提袋與波奇包的主角。
本體的顏色作成茶色，以襯托出圖案的美麗。

設計・製作／中川幸子
提袋 22×21cm　波奇包 13×16cm
作法P.97

P.36波奇包

●材料（1件的用量）
2種圖案的拼接用布片各20×20cm　K、LL'、N用布35×30cm　M用布30×30cm（包含滾邊部分）鋪棉、胚布各35×30cm
寬0.3cm波浪形織帶30cm　長30cm拉鍊1條

●作法順序
拼接布片A至J，製作房屋的表布圖案（參照P.40），接縫布片K、LL'→接縫織帶→接縫布片M、N，製作表布→疊合鋪棉與胚布之後，進行壓線→將周圍進行滾邊→接縫拉鍊→由袋底中心開始正面相對摺疊，並將脇邊以捲針縫至拉鍊接縫止點→縫合側身。

※布片A至LL'的原寸紙型A面⑭。

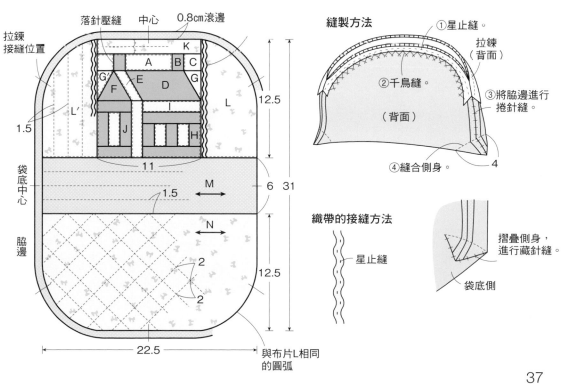

落針壓縫　中心　0.8cm滾邊

拉鍊接縫位置

縫製方法

①星止縫。
拉鍊（背面）
②千鳥縫。
③將脇邊進行捲針縫。
（背面）
④縫合側身。

織帶的接縫方法

星止縫

摺疊側身，進行藏針縫。

袋底側

12.5
6
31
12.5

1.5
11
1.5
22.5

袋底中心
脇邊

與布片L相同的圓弧

37

聖誕節的房屋

以聖誕節色彩將校舍的圖案進行配色，
並搭配上基督的十字架、聖誕樹的圖案。
利用鋸齒狀花樣的飾邊加以整合的傳統設計。

設計・製作／近藤敬惠　110×110cm
作法P.100

44

🏠2層樓的房屋

將圖案呈縱長形進行配置後，作成2層樓房。絕對是深受女孩喜歡的可愛迷你手提袋。

設計・製作／石井 零　21×18cm
作法P.100

後片上接縫了一個小房子的口袋。

45

享受窗戶布片運用的樂趣。

在窗戶的布片上，若使用了動物或娃娃的花樣，或是添加花朵圖案，看起來就更像是房屋的樣子了！

從窗戶隱約可見小鹿斑比的蹤影。在活用布料的花樣時，可將花樣的方向作優先考量，布紋則自由配置亦OK。

左側的窗戶上使用雷絲布料，營造出如同窗簾般的感覺。右側的窗戶則是將織紋的花朵圖案部分朝下，用來表現窗邊的小花。

添加了小狗與女孩的圖案。讓家裡看起來更加和樂融融。

接縫了坐在椅子上的女性圖案印花布，及立體的雷絲窗簾。

窗戶上使用了花朵圖案印花布，像是於窗邊裝飾上花朵般的模樣。

將黃色或橘色的印花布使用在窗戶上，就能營造屋內點燈的效果。

房屋圖案的縫法

將「校舍」的拼接方法分別以手縫與車縫拼接進行解說。關於其他6種房屋圖案的製圖作法與縫合順序將於P.111進行解說,敬請參閱。

以手縫拼接縫合的方法

分成煙囪、屋頂、牆壁&窗戶的區塊進行縫合,組合成1片。由於全部皆為直線縫合,因此作法並不困難,但因為布片的種類與數量繁多,所以在縫合之前,請先行排列,再將縫合位置與配色進行確認。接縫所有的區塊時,為了避免接縫處移位,請以珠針固定,並於接縫處進行一針回針縫。

縫份倒向

裁布圖

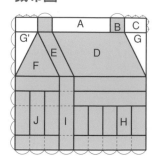

① 將布片B正面相對疊合於布片A的兩側,並對齊記號處,以珠針固定,由布端縫至布端。請於始縫點與止縫點進行一針回針縫。

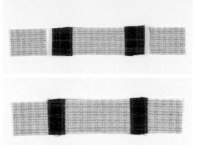

② 步驟1的縫份單一倒向布片B側。於步驟1的兩側接縫布片C,完成煙囪的小區塊。

③ 準備製作成屋頂D至F的布片,正面相對疊合後,由布端縫至布端。

④ 步驟3的縫份則單一倒向布片D與F側。於屋頂的小區塊兩側接縫上布片GG'。

⑤ 將布片G(G')正面相對疊合於屋頂的小區塊上,由布端縫至布端。縫份倒向屋頂側。

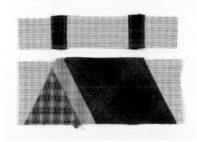

⑥ 接縫煙囪的小區塊與屋頂的小區塊。

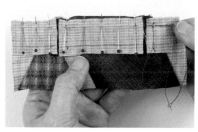

⑦ 將區塊正面相對疊合,並以珠針固定記號的兩端、接縫處,以及其間。由布端縫至布端。請於接縫處進行一針回針縫。

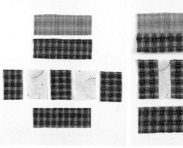

⑧ 準備3片製作成牆壁右側的布片I及5片布片H,製作小區塊後,加以組合。縫份請倒向深色的布片側。

⑨ 將小區塊正面相對疊合,並將記號兩端與接縫處對齊,以珠針固定。請由布端縫至布端。

⑩ 以5片布片J製作左側牆壁的小區塊,並與布片I及右側的小區塊進行接縫。縫份請倒向內片側。

⑪ 最後,接縫上下的區塊。

⑫ 將2片正面相對疊合後,以珠針固定記號的兩端、接縫處,以及其間。在具有厚度的接縫處,請以一上一下挑縫方式進行,加以縫合。

40

以車縫拼接製作的方法　指導／長谷川幸子

由於「校舍」圖案的布片數量繁多，因此在大量製作相同配色的圖案時，建議使用車縫製作的方式。此處是以9㎝平方的圖案為例。因為牆壁或窗戶的布片寬度為1㎝，所以縫份作成0.5㎝（倘若縫份作成0.7㎝，會導致厚度的產生）。在將長長的帶狀布或區塊進行裁剪時，請貼放上定規尺，並使用輪刀才是正確方式。屋頂雖是製作紙型後，再進行裁剪，若覺得困難，亦不妨於台紙上使用縫合布片的紙型板拼接方法製作較佳。每次縫合帶狀布或區塊時，請將縫份漂亮地倒向後，再以熨斗整燙為關鍵所在。

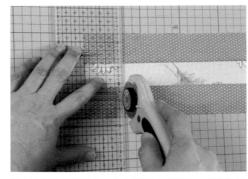

將布片置於切割墊上，由布端開始對齊想要裁剪的寬度後，貼放上定規尺，並以輪刀進行裁剪。

以車縫拼接製作的P.29的壁飾。

牆壁＆窗戶區塊

左側的區塊

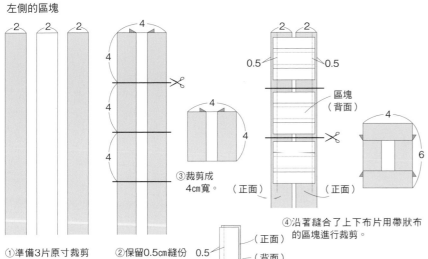

①準備3片原寸裁剪寬2㎝的帶狀布。

②保留0.5㎝縫份縫合。

③裁剪成4㎝寬。

④沿著縫合了上下布片用帶狀布的區塊進行裁剪。

區塊（背面）

（正面）

（背面）

右側的區塊

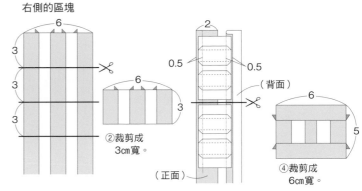

①依照左側區塊的相同方式，縫合5片原寸裁剪成寬2㎝的帶狀布。

②裁剪成3㎝寬。

③沿著已縫合了上下布片用帶狀布的區塊進行裁剪。

④裁剪成6㎝寬。

（正面）

（背面）

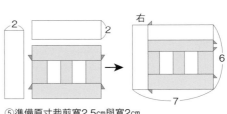

⑤準備原寸裁剪寬2.5㎝與寬2㎝的帶狀布各2片，及1片原寸裁剪寬5㎝的帶狀布。

⑥縫合左側與右側的區塊。

屋頂區塊

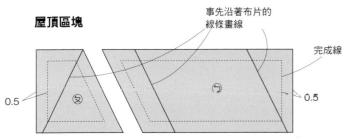

事先沿著布片的線條畫線

完成線

①以透明的圖案紙準備分成2個區塊後附加0.5㎝縫份的紙型。

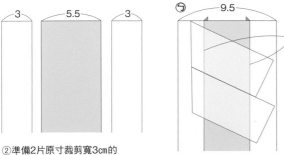

②準備2片原寸裁剪寬3㎝的帶狀布與1片原寸裁剪寬5.5㎝的帶狀布。

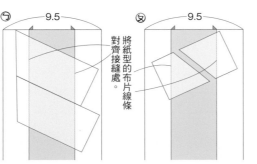

將紙型對齊接縫處的布片線條

③縫合帶狀布，並將紙型置於正面側，畫上記號，進行裁剪。

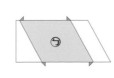

④接縫⊙與⊗。

煙囪區塊

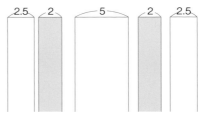
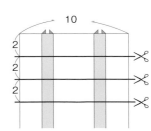

①準備原寸裁剪寬2.5㎝與寬2㎝的帶狀布各2片，及1片原寸裁剪寬5㎝的帶狀布。

②縫合帶狀布，裁剪成2㎝寬。

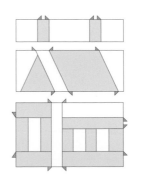

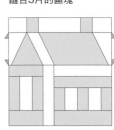

縫合3片的區塊

打扮得漂漂亮亮的 兔寶寶換裝布偶

攝影／山本和正
插畫／木村倫子

連載

古澤惠美子老師創作的胖嘟嘟兔寶寶拉比，穿著當季的服裝登場了！
換上了冬季外出服，前往教會進行禱告。
請同時裝飾上貼布縫教會與拉比家圖案的壁飾吧！

47

今天是聖誕節。
我要前往山丘上的教會作禮拜禱告。
冬季的外出服，
是在暖和的羊毛無袖連身裙外，
再披上一件短斗蓬。
穿著紅色的皮靴，出發！

46

於壁飾上以貼布縫製作教會與拉比家的圖案。在教會的門上裝飾花圈，拉比家
的門上則點綴了聖誕掛飾。

設計．製作／古澤惠美子　壁飾 41.5×41.5cm　兔寶寶 體長約33cm
壁飾與衣服．手提籃等的作法P.44、P.45　兔寶寶本體的作法P.110

短斗蓬與無袖連身裙是
以柔軟的羊毛布料製作而成。

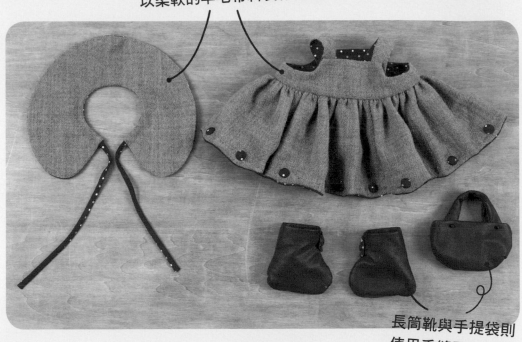

長筒靴與手提袋則
使用手縫即可的柔軟
人造皮革。

頭上則纏著燈芯絨製
的頭巾。

裡布為紅色的水玉點點花樣布。
由正面隱約可見的紅色顯得相當可愛。

裙子的下襬處是將斜布條的貼邊稍微露出，
進行緣飾鑲邊，並點綴上包釦。

無袖連身裙是將肩帶掛於
肩上穿著。

裝飾大量細褶的裙子
顯得可愛滿點的背影。

長筒靴上接縫了YOYO球風的裝飾。
手提袋亦以同款的皮革製作而成。

材料

無袖連身裙 表布用羊毛布
125×25cm 裡布用紅色印花布
45×35cm（包含包釦、斜布條部分） 直徑1.2cm包釦用芯釦20顆
直徑0.6cm按釦2組 薄型接著襯
11×4cm
頭巾 燈芯絨30×30cm
※原寸紙型A面⑤
（無袖連身裙的胸襠、裙子的下
襬線）

無袖連身裙

1.裁剪布片。

胸襠 表布、裡布（各2片）※縫份為0.7cm。

中心

5.3

20

裙子 ※（ ）內為縫份尺寸。

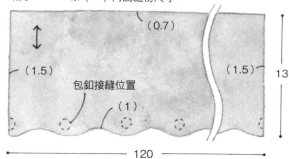

（0.7）

（1.5）

包釦接縫位置

（1.5）

（1）

13

120

2.將裙子進行三摺邊之後，再將邊端進行袋縫。

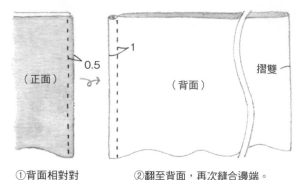

（正面）

0.5

1

摺雙

（背面）

①背面相對對
摺後，縫合
脇邊。

②翻至背面，再次縫合邊端。

3.縫合下襬。

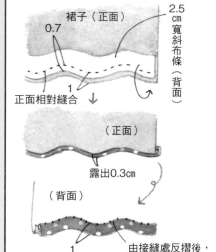

裙子（正面）

0.7

2.5cm寬斜布條（背面）

正面相對縫合

1

（正面）

露出0.3cm

（背面）

1

由接縫處反摺後，
進行藏針縫。

4.縫合胸襠。

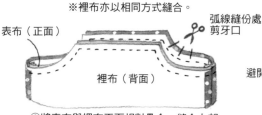

（正面）

表布（背面）

①將2片正面相對疊合，縫合兩側脇邊。
※裡布亦以相同方式縫合。

表布（正面）

弧線縫份處
剪牙口

裡布（背面）

②將表布與裡布正面相對疊合，縫合上部。

**5.於裙身處抽拉細褶，再與胸襠正面
相對縫合。**

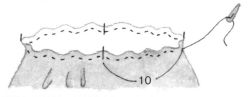

10

①進行平針縫，抽拉細褶，以便使腰圍的4分之1
（30cm）縮成10cm。

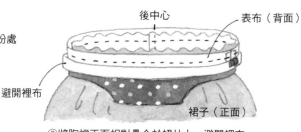

後中心

表布（背面）

避開裡布

裙子（正面）

②將胸襠正面相對疊合於裙片上，避開裡布，
縫合腰部。

胸襠（背面）

③將剛才避開的裡
布縫份摺入後，
以藏針縫縫於裙
片上。

裙子（背面）

6.接縫上腰帶與包釦。

腰帶 表布、裡布（各2片）

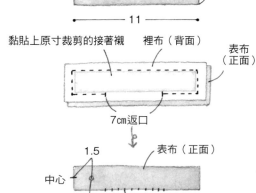

2

11

黏貼上原寸裁剪的接著襯 裡布（背面）

表布（正面）

7cm返口

1.5

中心

表布（正面）

凹面按釦

翻至正面，以藏針縫縫合返口。
製作2片。

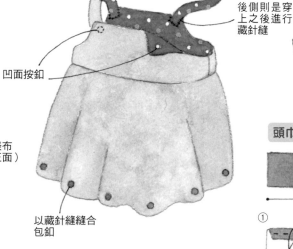

凹面按釦

後側則是穿
上之後進行
藏針縫

以藏針縫縫合
包釦

包釦

包釦

進行平針縫
之後，收線
拉緊。

（正面）

直徑2.5cm的
布片（背面）

製作22顆
（亦製作長簡帽部分）

頭巾

（原寸裁剪）

7

將原寸裁
剪5×8cm
的布片進
行三摺邊

32

① 0.3

摺入1cm （背面）

車縫

②

（正面）

將兩端進行平
針縫，收線拉
緊。

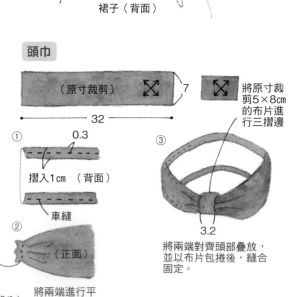

③

3.2

將兩端對齊頭部疊放，
並以布片包捲後，縫合
固定。

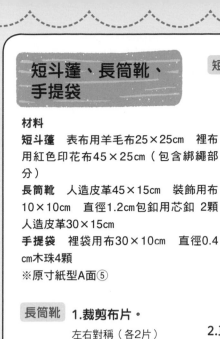

短斗蓬、長筒靴、手提袋

材料

短斗蓬 表布用羊毛布25×25cm　裡布用紅色印花布45×25cm（包含綁繩部分）

長筒靴 人造皮革45×15cm　裝飾用布10×10cm　直徑1.2cm包釦用芯釦 2顆　人造皮革30×15cm

手提袋 裡袋用布30×10cm　直徑0.4cm木珠4顆

※原寸紙型A面⑤

短斗蓬

1.裁剪布片。

表布、裡布

※縫份為0.7cm。

20
21.5

綁繩（長短各1條）　原寸裁剪

2.5
21cm與18cm

2.將表布與裡布正面相對疊合，縫合周圍。

裡布（背面）
表布（正面）

3.翻至正面，以斜布條包捲領圍。

短斗蓬（正面）
寬2.5cm斜布條（背面）
於縫份處剪牙口
0.7

1
摺疊邊端，包夾綁繩。
短斗蓬（背面）
由接縫處反摺，並將縫份摺入後，進行藏針縫。

綁繩
摺雙　0.7　（背面）（正面）

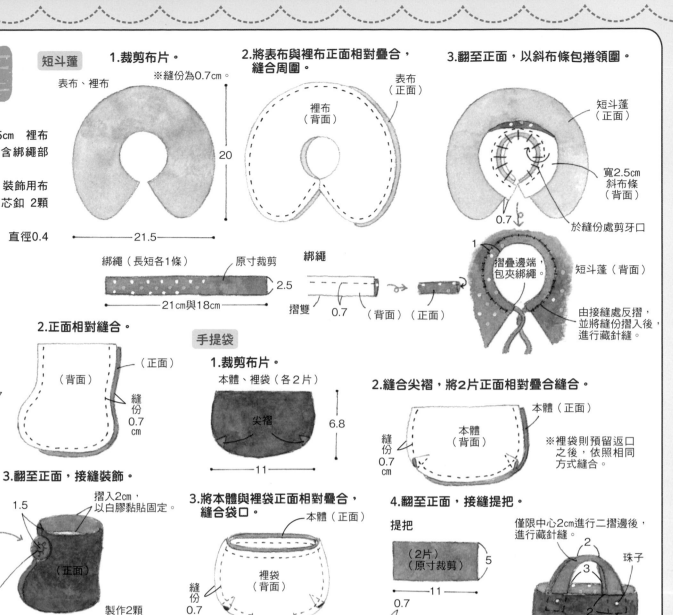

長筒靴

1.裁剪布片。

左右對稱（各2片）
僅限鞋口原寸裁剪
10.7
9

2.正面相對縫合。

（背面）
（正面）
縫份0.7cm

裝飾（2片）

5
原寸裁剪
縫合周圍，收線拉緊
2.5
以白膠將包釦黏貼於中心處

3.翻至正面，接縫裝飾。

1.5
摺入2cm，以白膠黏貼固定。
（正面）
製作2顆

手提袋

1.裁剪布片。

本體、裡袋（各2片）
尖褶
6.8
11

2.縫合尖褶，將2片正面相對疊合縫合。

縫份0.7cm
本體（背面）
本體（正面）
※裡袋則預留返口之後，依照相同方式縫合。

3.將本體與裡袋正面相對疊合，縫合袋口。

本體（正面）
裡袋（背面）
縫份0.7cm
5cm返口

4.翻至正面，接縫提把。

提把（2片）（原寸裁剪）
5
11
0.7
（背面）（正面）
摺雙

僅限中心2cm進行二摺邊後，進行藏針縫。
2
珠子
3
2
邊端摺入0.7cm後，進行藏針縫。

壁飾

材料

各式貼布縫用布片、各式拼接用布片　台布2種30×20cm　C、B用布50×30cm　滾邊用寬3.5cm斜布條170cm　鋪棉、胚布各45×45cm　紅色珠子直徑0.2cm22顆・直徑0.5cm3顆　25號繡線適量

製作順序

進行貼布縫，於周圍接縫上布片A至C，製作表布→疊合鋪棉與胚布之後，進行壓線→進行刺繡，接縫珠子→將周圍進行滾邊（邊角請參照P.82，進行邊框縫製）。

※布片A・B的原寸紙型與貼布縫圖案紙型A面④

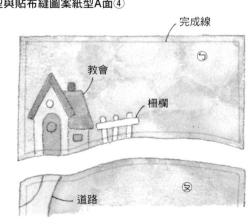

完成線
教會
柵欄
道路

於台布⊝上將教會與柵欄進行貼布縫，並於台布⊗上將道路以貼布縫縫至縫份的邊緣為止，再接縫台布⊝與⊗。

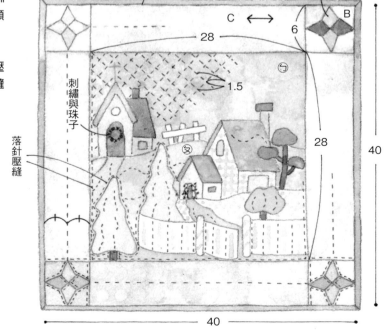

0.8cm滾邊
A
C
B
28
6
1.5
刺繡與珠子
落針壓縫
28
40
40

環保風格創意小物

攝影／腰塚良彦（作法步驟、P.49）、山本和正
插圖／三林よし子

在此為大家介紹利用拼布或布片
將空的容器或是市售商品重製翻新，
讓生活更添樂趣的作品。

以布製作的食物防塵罩

將可防灰塵或蚊蟲掉落在食物
上的懷舊防蚊食物罩，以布料
重新進行了可愛的改裝。請選
用喜歡的布料或是進行貼布
縫，妝點在令人期待的餐桌
上。

設計・製作／山崎良子
39×39×20cm
作法P.53

不使用時，可以像雨傘一樣摺疊收納。

將市售的食物防塵罩※的布片拆除，並更換拉繩。
※使用展示時的尺寸為39×39×20cm的大小（Seria
商品販售的食物防塵罩M）。

「Cotton friend手作誌」是專門介紹手作的專業雜誌，
從繽紛的美麗布作、縫紉作品教學、基礎刺繡、布偶縫製
與設計、小物與家飾品的製作等，皆搭配精采的圖文詳細
解說，書內附錄的紙型可供縫製時描繪之用，讓初學者也
能輕鬆在家製作喜愛的布作，本誌不僅是手作新手必備指
南，熟手們也能從中找到更多設計靈感，是您不可或缺的
最佳參考工具書。

Cotton friend 手作誌

NEW

日本ブティック社
獨家授權繁體中文版

Cotton friend手作誌47
冬の風格選物：
以印花布・絨布料・合成皮・環保皮草，
打造簡單就有型的魅力手作包
BOUTIQUE-SHA◎授權
平裝／112頁／23.3×29.7cm彩色／定價350元

49

提籃

使用提把可拆下的款式，
將縫合袋口的表布與裡布縫製成筒狀之後，再套於籃子上。
可擺在廚房或客廳裡，或是充當為野餐籃使用……

設計・圖右的製作／石黑芳枝　圖左的製作／齋藤典子　25×25×19㎝
（原本的竹籃為IKEA販售的RISATORP系列）

●材料

相同　各式拼接用布片　薄型鋪棉95×30㎝
裡布95×40㎝　25×25×18㎝附提把的竹籃
圖右　B～E用布95×50㎝（包含襠布部分）
直徑0.15㎝細圓繩90㎝
圖左　C、D用布95×45㎝（包含襠布部分）

●作法順序

進行布片拼接，製作表布→疊合鋪棉之後，進
行壓線→依照圖示進行縫製，圖右作品是將細
圓繩以白膠黏貼固定於上部。

●作法重點

○提把請事先拆下，待套上布片之後，再重新
　安裝固定。請事先以錐子於布片的螺絲位置
　上開孔。

※布片的原寸紙型B面⑱

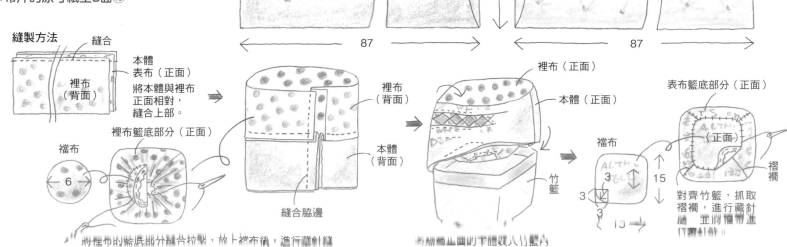

48

將蜂蠟浸染於布片之後製作而成的蜂蠟保鮮布。
利用手心的溫度使布軟化，
亦可自由塑造出任何形狀，
洗滌後還可重複使用的環保保鮮布。
蜂蠟中具有抗菌與保濕的效果，
因此用來直接包覆食品也大可安心。

提供／株式会社 KAWAGUCHI

● 蜂蠟保鮮布

使用布料製作的蜂蠟保鮮布 內附蜂蠟50g與作法。
蜂蠟約3g可以製作大約10×10cm平方的保鮮布。

將已使用雙膠鋪棉黏貼的原寸裁剪
布片進行車縫之後，使蜂蠟浸染。
若採不直接接觸食品的用法，各式
各樣的設計更加令人期待！

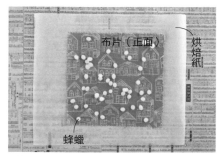

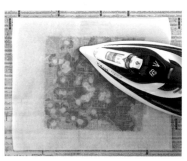
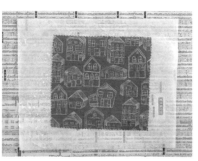

1 將4至5片報紙鋪放在燙衣板上，並於
其上方疊放較大張的烘焙紙。再將布料
正面朝上疊放，並於上方均勻地鋪滿蜂
蠟。若將蜂蠟放置於布片邊緣，蜂蠟會
融化外溢，因此請特別注意。

2 再疊合1片烘焙紙，以熨斗進行
低溫（80至120度）整燙。

3 蜂蠟開始漸漸地融化。以熨斗熨
燙，使蜂蠟完全滲透整片布料。

4 待蜂蠟完全融化，滲透至整片布料
之後，趁熱迅速地將上方的烘焙紙
移除。靜置使其完全冷卻後，移除
下方的烘焙紙，完成！

使用優格或乳瑪琳的空容器製作的小物收納盒

以鋪棉與布片包捲空容器製作的圓潤型籃子。
特別是優格的容器，以剪刀就很容易裁剪，
所以也可以改變高度製作。
右側3件作品是使用優格容器，
左側的扁平款則是使用乳瑪琳的容器。

設計・製作／倉重外志美
No.51 大 11.5×13.5cm 小 8×12cm
No.52 高9cm 7.5cm 6cm

僅限外側包覆布片製作。
瑪琪琳容器中放入了內墊。

剪掉上部的
邊緣與堅硬的
部分後使用。

小物收納盒

●材料（1件的用量）
乳瑪琳容器（大） 袋身用布50×20cm（包含
提把、盒底、內墊部分） 口布用寬4.2cm斜布
條45cm 鋪棉40×20cm 厚型接著襯25×2
cm 寬1cm蕾絲45cm 直徑1.2cm・0.8cm鈕釦各
2顆 厚紙板30×10cm 瑪琪琳容器（300g）
優格容器（大） 袋身用布35×20cm（包
含提把、盒底部分） 口布用寬4.2cm斜布條
35cm 鋪棉30×10cm 厚型接著襯25×2
cm 寬1.5cm蕾絲35cm 直徑1cm・0.8cm鈕釦
各2顆 厚紙板6×3cm 優格容器（400g）
※原寸紙型A面⑦（優格容器）、⑧（乳瑪
琳容器）

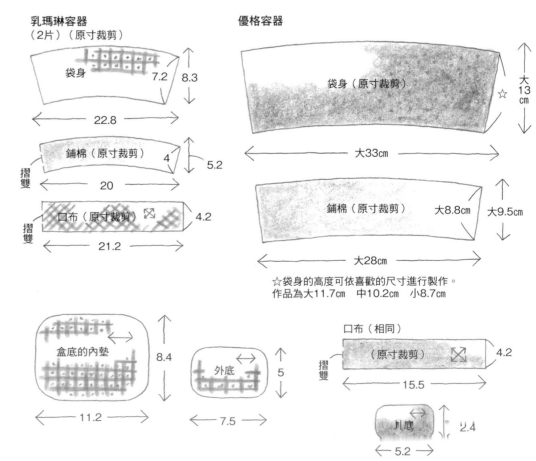

乳瑪琳容器
（2片）（原寸裁剪）

袋身　7.2　8.3

22.8

摺雙　鋪棉（原寸裁剪）　4　5.2

20

摺雙　口布（原寸裁剪）　4.2

21.2

盒底的內墊　8.4

11.2

外底　5

7.5

優格容器

袋身（原寸裁剪）　大13cm

大33cm

鋪棉（原寸裁剪）　大8.8cm　大9.5cm

大28cm

☆袋身的高度可依喜歡的尺寸進行製作。
作品為大11.7cm　中10.2cm　小8.7cm

口布（相同）

（原寸裁剪）　4.2

摺雙　15.5

小底　2.4

5.2

以優格的空容器製作的直立型筆袋

使用時，將袋蓋往下掀開。

利用320g的
小型容器，
不需裁切直接使用。

(53)

以布片包覆容器，作為本體使用，
像是在上面放置一個波奇包似的接縫袋蓋。
關上拉鍊後，即可隨身攜帶，非常方便。

設計／林 洋子　製作／（由左至右）伊藤敏美　渡辺君江　林 洋子
17×13.5cm　作法P.52

袋身（相同）

① 將容器口的邊緣進行裁剪。

MARGARINE

② 於側面黏貼鋪棉

③ 縫合袋身
袋身（背面）
（正面）
燙開縫份
縫合脇邊，翻至正面。
（正面）

④ 容器
袋身（正面）
以袋身布片包捲容器，並將袋口進行捲針縫。

⑤ 將口布縫合成圈狀
（背面）
1
進行平針縫，並且縮縫成容器內側的尺寸。

1 口布（背面）
以白色縫線將口布縫合固定於袋口處

口布（背面）
1.2
包捲袋口後摺疊，並以藏針縫縫於本體上。

⑥ 外底
將袋底進行平針縫後，縮縫，將外底布背面相對覆蓋之後，進行藏針縫。

⑦ 鈕釦接縫位置
①將蕾絲縫合固定。
0.7
②將提把與鈕釦一起縫合固定。

外底（相同）
厚紙板
袋身（正面）
以厚紙板包捲後，縮縫收口。

袋底內墊
裡布
厚紙板
表布（正面）
包捲厚紙板
鋪棉　厚紙板
將表布與裡布背面相對疊合，以捲針縫縫合周圍。

鈕釦接縫位置
鈕釦
支力鈕釦
提把
袋身

提把（相同）
19～21.5　2.5
黏貼接著襯
黏貼接著襯
（背面）
接著襯
摺疊縫份
摺疊縫份
③
②　①
（正面）
依照順序進行藏針縫，進行布邊縫。

51

直立型筆袋

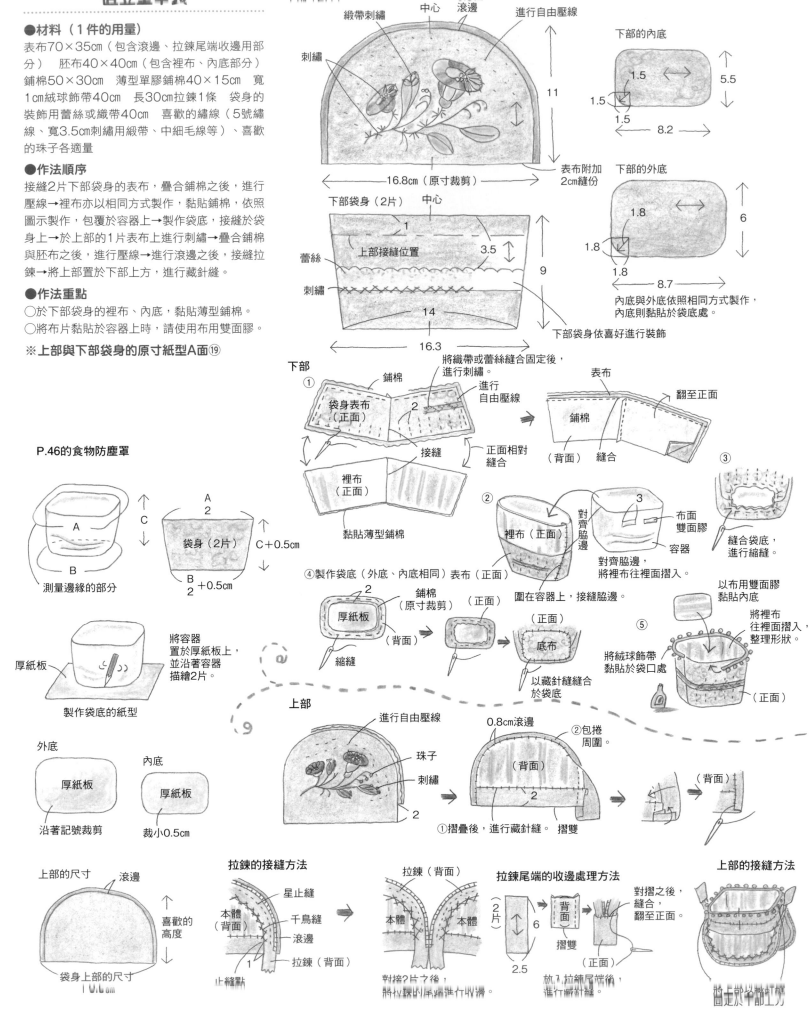

●材料（1件的用量）

表布70×35cm（包含滾邊、拉鍊尾端收邊用部分） 胚布40×40cm（包含裡布、內底部分） 鋪棉50×30cm 薄型單膠鋪棉40×15cm 寬1cm絨球飾帶40cm 長30cm拉鍊1條 袋身的裝飾用蕾絲或織帶40cm 喜歡的繡線（5號繡線、寬3.5cm刺繡用緞帶、中細毛線等）、喜歡的珠子各適量

●作法順序

接縫2片下部袋身的表布，疊合鋪棉之後，進行壓線→裡布亦以相同方式製作，黏貼鋪棉，依照圖示製作，包覆於容器上→製作袋底，接縫於袋身上→於上部的1片表布上進行刺繡→疊合鋪棉與胚布之後，進行壓線→進行滾邊之後，接縫拉鍊→將上部置於下部上方，進行藏針縫。

●作法重點

○於下部袋身的裡布、內底，黏貼薄型鋪棉。
○將布片黏貼於容器上時，請使用布用雙面膠。

※上部與下部袋身的原寸紙型A面⑲

P.46的食物防塵罩

測量邊緣的部分

袋身（2片）
A
2
C
C+0.5cm
B
2 +0.5cm

製作袋底的紙型

將容器置於厚紙板上，並沿著容器描繪2片。

厚紙板

外底
厚紙板
沿著記號裁剪

內底
厚紙板
裁小0.5cm

上部的尺寸
滾邊
喜歡的高度
袋身上部的尺寸

--- 上部 ---

上部（2片）
緞帶刺繡
中心
0.8cm滾邊
進行自由壓線
刺繡
11
16.8cm（原寸裁剪）
表布附加2cm縫份

下部的內底
1.5
5.5
1.5
1.5
8.2

下部的外底
1.8
6
1.8
1.8
8.7

內底與外底依照相同方式製作，內底則黏貼於袋底處。

下部袋身（2片）
中心
1
上部接縫位置
3.5
蕾絲
刺繡
9
14
16.3

下部袋身依喜好進行裝飾

--- 下部 ---

① 袋身表布（正面）
鋪棉
2
進行自由壓線
將織帶或蕾絲縫合固定後，進行刺繡。
裡布（正面）
接縫
正面相對縫合
黏貼薄型鋪棉

表布
鋪棉
翻至正面
（背面）
縫合

③ 縫合袋底，進行縮縫。

② 裡布（正面）
3
對齊脇邊
布面雙面膠
容器
對齊脇邊，將裡布往裡面摺入。
圍在容器上，接縫脇邊。

④ 製作袋底（外底、內底相同）
表布（正面）
2
鋪棉（原寸裁剪）（正面）
厚紙板（背面）
縮縫
底布（正面）
以藏針縫縫合於袋底

以布用雙面膠黏貼內底
將裡布往裡面摺入，整理形狀。

⑤ 將絨球飾帶黏貼於袋口處
（正面）

--- 上部 ---

進行自由壓線
珠子
刺繡
2

0.8cm滾邊
②包捲周圍。
（背面）
2

（背面）

① 摺疊後，進行藏針縫。 摺雙

--- 下方表格 ---

拉鍊的接縫方法
星止縫
本體（背面）
千鳥縫
滾邊
拉鍊（背面）
止縫點
1

拉鍊（背面）
本體
本體
對接2片之後，將拉鍊的尾端進行收邊。

拉鍊尾端的收邊處理方法
2片
6
背面
摺雙
（正面）
2.5
對接拉鍊尾端後，進行藏針縫。

上部的接縫方法
對摺之後，縫合，翻至正面。
置於下部上方

P.46食物防塵罩

指導／山崎良子

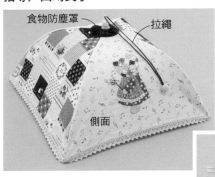

食物防塵罩　拉繩　側面

將原本內附的拉繩更換成蠟繩，並以2片包釦包夾。

拆下內附的蕾絲，使用骨架。

拉繩　金屬支架　螺絲

●材料

各式貼布縫用布片、各式包釦用布片　側面用布2種各85×35㎝　頂部封罩用布25×10㎝　薄型接著襯（布帛用）70×70㎝　寬1.8㎝花樣蕾絲2片　直徑0.6㎝鈕釦、直徑1.8㎝包釦用芯釦各2顆　寬2㎝蕾絲165㎝　直徑0.2㎝蠟繩50㎝　市售的食物防塵罩1個　25號繡線適量

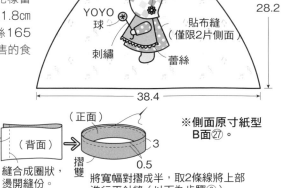

止縫點　側面（4片）　以藏針縫縫上花樣蕾絲，並接縫鈕釦。

YOYO球　刺繡　貼布縫（僅限2片側面）　蕾絲

28.2

38.4

頂部封罩

（原寸裁剪）7
25

（正面）　（背面）1　縫合成圈狀，燙開縫份。

（正面）3　摺雙　0.5　將寬幅對摺成半，取2條線將上部進行平針縫（以下為步驟⑥）。

※側面原寸紙型B面㉗。

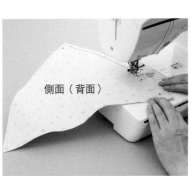

側面（背面）

1 4片側面（2片事先進行貼布縫）黏貼上接著襯之後，作上記號，預留縫份，進行裁剪（下部為2㎝，左右為1㎝）。正面相對疊合之後，由上部的止縫點進行車縫至布端。

止縫點（背面）

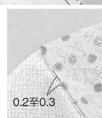

0.2至0.3

2 縫份一致裁剪成0.7㎝左右，進行Z字形車縫至止縫點為止。再將縫份進行單一倒向，並以熨斗熨燙，由正面進行車縫倒向的那一側。

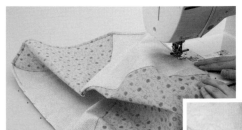

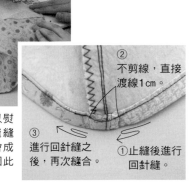

② 不剪線，直接渡線1㎝。
③ 進行回針縫之後，再次縫合。
① 止縫後進行回針縫。

3 將下部進行三摺邊之後，以熨斗整燙，再由正面以車縫縫合。由於接縫處部分事後會成為穿入金屬支架的口袋，因此請如右圖所示縫合，渡線。

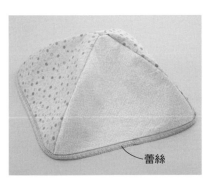

蕾絲

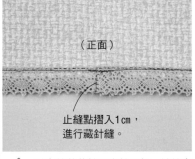

（正面）

止縫點摺入1㎝，進行藏針縫。

4 以車縫將蕾絲固定於下部。接縫處依照步驟3的相同方式縫合。

5 將上部進行三摺邊之後，進行藏針縫。由於之後會覆蓋上頂部封罩，因此就算是針趾外露於正面也沒關係。用來穿入骨架上部的方形孔為打開狀態。

6 依照圖示製作頂部封罩，並插入已打開的骨架螺絲（螺絲的蓋子則拆下）中，拉緊平針縫的線，作線結。暫時拆下頂部封罩。

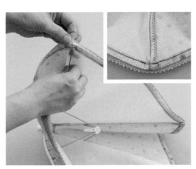

7 關上骨架，將金屬支架插入接縫處的口袋中。

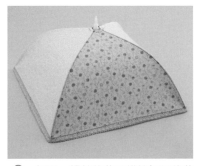

8 打開。螺絲的蓋子維持拆下的狀態。

9 將頂部封罩插入螺絲中，轉回螺絲的蓋子後固定。不要完全擰緊，待使用錐子將布端塞入螺絲裡，再緊密的鎖緊螺絲。

此處保留鬆度

10 將周圍以藏針縫縫合於本體上。由於關閉的時候，布片會稍微往下降，因此可於頂部封罩處保留鬆度，再進行藏針縫為祕訣所在。

連載

初學者の
布包製作
入門

由大畑美佳老師指導，
以製作美麗基本款為首要目標，
除了初學者之外，
想要學習袋物製作的你也不能錯過！

＊第17回＊

內附拉鍊口布的
方形手提袋

以立體的「德勒斯登圓盤」圖案引人注目的一款設計。透過於袋身上接縫了兩側側身，並於縫製完成後，將細圓繩縫合固定於接縫處，使方正的造型更為結實牢固。由於接縫長拉鍊的口布可以大大敞開，因此更容易拿取袋裡的物品。

設計／大畑美佳　製作／加藤るり子
26×26㎝

54

縫片上接縫了一個大型的口袋。

由於整片口布全面性的黏貼接著襯，因此極具彈性，
拉鍊的開關變得更容易操作，只要性接縫了側身的用耳上
扣上肩帶，即可當成肩背包使用。

手提袋

材料

各式圖案用布片　Ａ用布60×30㎝　側身‧袋底用布110×35㎝（包含口布、滾邊、拉鍊垂片、吊耳部分）　口袋用布50×20㎝（包含胚布部分）　單膠鋪棉70×65㎝　胚布70×50㎝　接著襯50×30㎝　裡袋用布100×45㎝　直徑0.5㎝蠟繩140㎝　內徑尺寸2.5㎝D形環2個　長41㎝提把1組　長140㎝附活動勾肩帶1條

※裡袋是使用與主體相同尺寸的一片布進行裁剪。

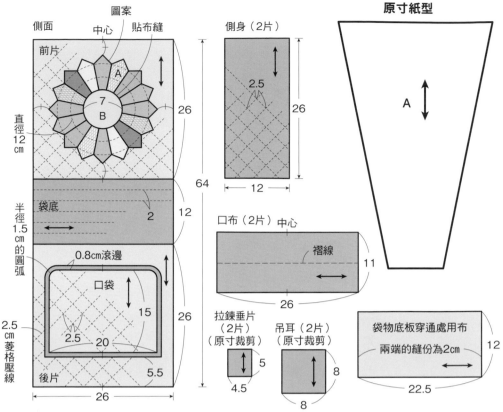

原寸紙型

內口袋

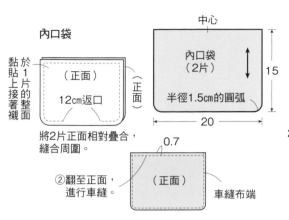

黏貼於1片上的整面接著襯

（正面）
12㎝返口

將2片正面相對疊合，縫合周圍。

②翻至正面，進行車縫。

（正面）
0.7

車縫布端

請參照P.78

將袋身進行壓線

① 將前片‧後片與袋底接縫後，製作表布，畫上壓線線條。周圍的完成線亦事先作上記號。

② 以熨斗將單膠鋪棉燙貼於表布的背面，並將鋪棉面朝上置放於攤開鋪好的報紙上，再噴上手藝用噴膠。將胚布置於鋪棉上，一邊由中心往外側擠出空氣，一邊以手撫平後，黏貼上去。

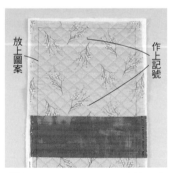

③ 由完成線至2、3針外側進行壓線。由於壓線之後，會起皺縮小，因此可使用定規尺等物，重新畫上完成線。圖案接縫位置亦可作上記號。

放上圖案

① 請參照P.78，製作圖案，置放於袋身上，以珠針固定，疏縫一圈。

② 使用圓形的紙型，將2條壓線線條與中心的貼布縫位置作上記號。

③ 依照內側→外側的順序，進行壓線。

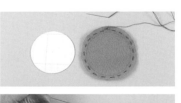

④ 中心的貼布縫預留1㎝縫份後裁剪，並將縫份進行平針縫。將紙型貼放於背面上，畫線，並將縫份倒向內側。

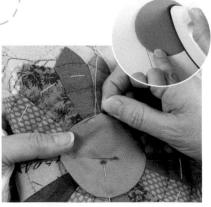

⑤ 由已畫好線的正面以熨斗整燙後，取下紙型。置於圖案上，以珠針固定，並以立針縫縫合固定，再將周圍進行落針壓線。

製作口袋

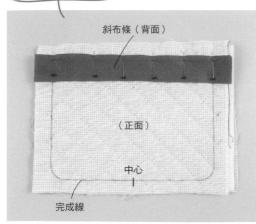
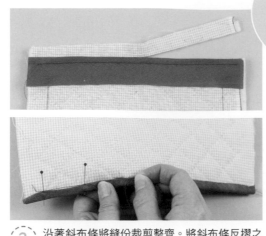
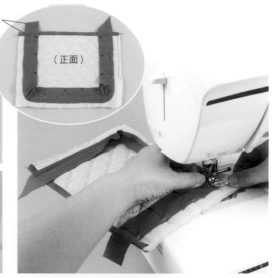

1 口袋亦以袋身的相同方式進行壓線，並於正面畫上完成線。將已畫上0.8cm縫線的寬3.5cm斜布條正面相對置放於袋口處，對齊記號，以珠針固定，並進行車縫。

2 沿著斜布條將縫份裁剪整齊。將斜布條反摺之後，包捲縫份，並以步驟1的縫線為基準摺疊之後，以珠針固定，進行藏針縫。

3 亦於剩餘的邊上，將斜布條正面相對放上，並以珠針固定。兩端請多加事後用來包捲的2cm長度。弧邊部分是將斜布條稍微縮縫後，以珠針緊密固定，慢慢地進行車縫。

將預留多餘縫份的斜布條摺往背面。

已摺疊的部分請加以繃緊，將斜布條反摺，以珠針固定。

4 沿著斜布條將縫份裁剪整齊，並將斜布條反摺。邊角處請依照右圖所示摺疊。

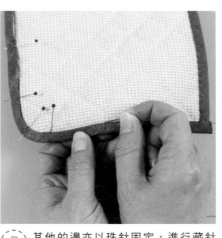

5 其他的邊亦以珠針固定，進行藏針縫。

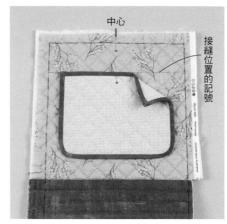

6 於袋身上作口袋接縫位置的記號，並放上口袋，以珠針固定。請注意中心處不要偏移錯位。

製作側身

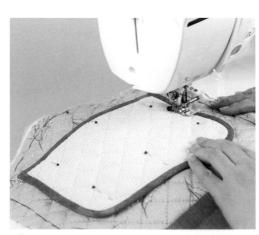

7 進行車縫滾邊的邊緣。始縫點與止縫點進行回針縫，依照右下的圖示，由大約一針左右的外側開始縫合。

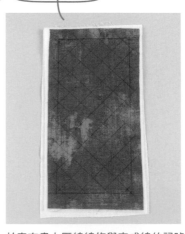

於表布畫上壓線線條與完成線的記號，並依照袋身的相同方式，黏貼上鋪棉與胚布。由中心處往外側以車縫進行壓線。一直保持由同一方向開始縫合，就不會導致歪斜產生。

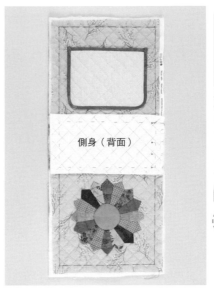

1. 側身亦以相同方式重新畫上完成線。本體的部件製作完成。以疏縫線縫合各部件的完成線，並於背面露出完成線。

疏縫

2. 將側身正面相對疊合於袋身的袋底部分，對齊記號，以珠針固定。以車縫由記號處縫合至記號處（珠針請於車縫前移除），始縫點與止縫點進行回針縫。

側身（背面）

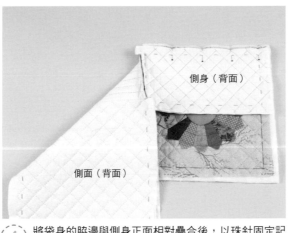

3. 為了更簡單縫製，因此邊角由針趾算起0.2cm前側剪牙口（上圖）。接著，將已縫合部分的縫份裁剪成1cm（下圖）。

4. 將袋身的脇邊與側身正面相對疊合後，以珠針固定記號處。因為已於步驟 ③ 剪牙口，所以不會歪斜，可以漂亮地對齊。

側身（背面）

側面（背面）

5. 由袋底側開始進行車縫。始縫點請由記號處稍微外側開始縫合。另一側的脇邊亦以相同方式縫合。

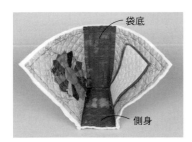

袋底

側身

6. 已縫合1片側身的模樣（上圖）。另1片的側身亦以相同方式縫合，本體縫製完成。

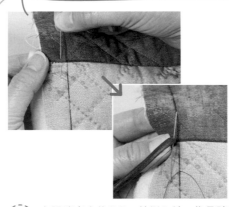

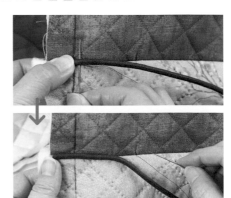

1. 由記號處大約0.5cm外側入針，像是跨過側身與袋身似的挑一針，穿入蠟繩的邊端。蠟繩則事先於外側多出大約2cm的長度。

2. 再次於本體入針，挑一針。

3. 穿入蠟繩中，拉線。重複此步驟。挑縫本體時，只要保持像是跨過側身與袋身似的進行，就能漂亮地縫合固定於接縫處上。

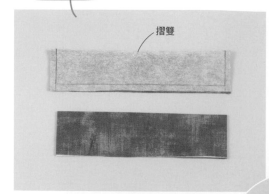

製作口布

接縫完蠟繩的模樣。

① 於整片布片黏貼接著襯，並於背面畫上記號，正面相對對摺後，縫合兩端，翻至正面（參照P.78）。

摺雙

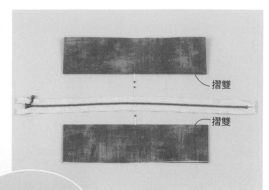

摺雙
摺雙

② 對摺成半，露出中心處，並於摺雙側刺入珠針，以代替記號使用。亦事先於拉鍊的中心處刺入珠針固定。

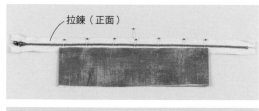

拉鍊（正面）

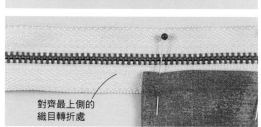

對齊最上側的織目轉折處

③ 將口布放在拉鍊的正面側，對齊中心，並以珠針固定。不以手拿，而是直接置於桌上固定，就不會偏移錯位，可以漂亮的固定。

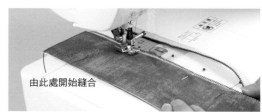

由此處開始縫合

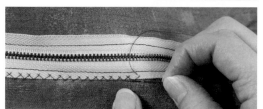

④ 打開拉鍊，將縫紉機的壓布腳換成拉鍊壓布腳後，將布端呈倒ㄈ字形進行車縫。拉鍊的下襬處進行千鳥縫固定。

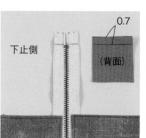

下止側

0.7

（背面）

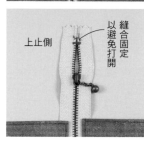

上止側

縫合固定以避免打開

⑤ 於拉鍊邊端接縫垂片。於垂片的布片上作縫線記號，於拉鍊上作接縫位置的記號。將垂片布正面相對放在拉鍊上固定，縫合。

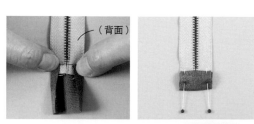

（背面）

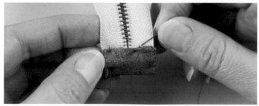

⑥ 翻至正面，將兩側脇邊摺往內側，為了隱藏針趾，進行三摺邊，並以珠針固定進行藏針縫。

接縫提把

中心
5.5　5.5　5.5

以珠針固定提把※，取2條壓縫線，每一針皆以回針縫縫合固定。※由中心開始於均等的位置上，一邊取平衡點，一邊固定兩側。

製作吊耳

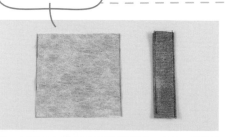

① 將全面已黏貼接著襯的布片進行四摺邊，以熨斗整燙，再將兩端進行車縫。穿入D形環之後，以疏縫線固定下部。

② 置於本體側身的中心，取2條疏縫線，將兩側脇邊疏縫固定。

製作裡袋

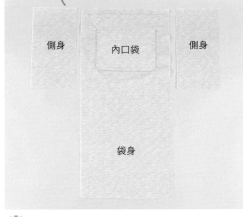

① 依照本體的相同尺寸來裁剪袋身與側身的布片，於側面接縫內口袋（請參照P.78）。依照本體的相同方式縫合。

三摺邊 1cm

底板穿通處用布（正面）

裡袋（正面）

底板穿通處用布

② 將底板穿通處用布的兩端進行三摺邊之後，進行車縫，對齊中心，以藏針縫縫合固定於裡袋的袋底處。

③ 與側身及袋身的縫份，無論是本體或裡袋皆事先倒向袋身側。將裡袋裝入本體之中，對齊袋口處的記號，以珠針固定，並以疏縫線將記號上方疏縫固定。

接縫口布，將袋口進行滾邊。

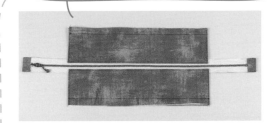

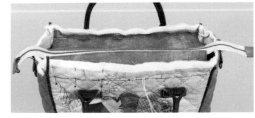

① 於口布上作完成線與中心的記號，並置於本體上，對齊中心後，以珠針固定，取2條疏縫線，牢靠的疏縫固定。

摺入1cm

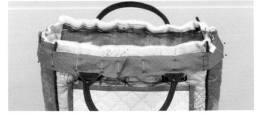

② 將已拉緊0.8cm縫線的寬3.5cm斜布條置於袋口處，並對齊記號後，以珠針固定。接縫始點摺入1cm，重疊接縫止點。

③ 將縫紉機設定為自由臂功能，縫合斜布條的記號處。縫製手提袋時，只要選用16號車縫針進行車縫，即可安心的縫合。

④ 沿著斜布條將多餘的縫份裁剪整齊。

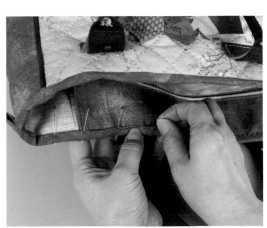

⑤ 將斜布條反摺後，以針趾處為基準，並以珠針固定，進行藏針縫。口布部分則挑針至表布的程度也OK。

生活手作小物

55

既華麗又典雅
和風的居家擺飾&手提袋

山茶花拼布

以簡單圖案表現的紅色山茶花,在土耳其藍花緞布的襯托之下,顯得更加耀眼美麗,為冬季的房間彩繪了一抹華麗的色彩。將葉子的區塊與壓線作成了七寶的圖案,呈現出濃濃的和風氛圍。

設計 製作／木藤紀子　156×123cm
作法P.103

進行刺繡完成新年主題圖案的布罩。
31×18cm

老鼠造型迷你抱枕

布偶形狀的抱枕，蓋上布罩宛如穿上漂亮衣裳，當作擺飾更漂亮。精美布罩用途廣泛，當作桌墊或迷你壁飾都賞心悅目。

設計・製作／橫山幸美　27×39cm
作法P.102

拉鍊的拉片套著長長的尾巴。

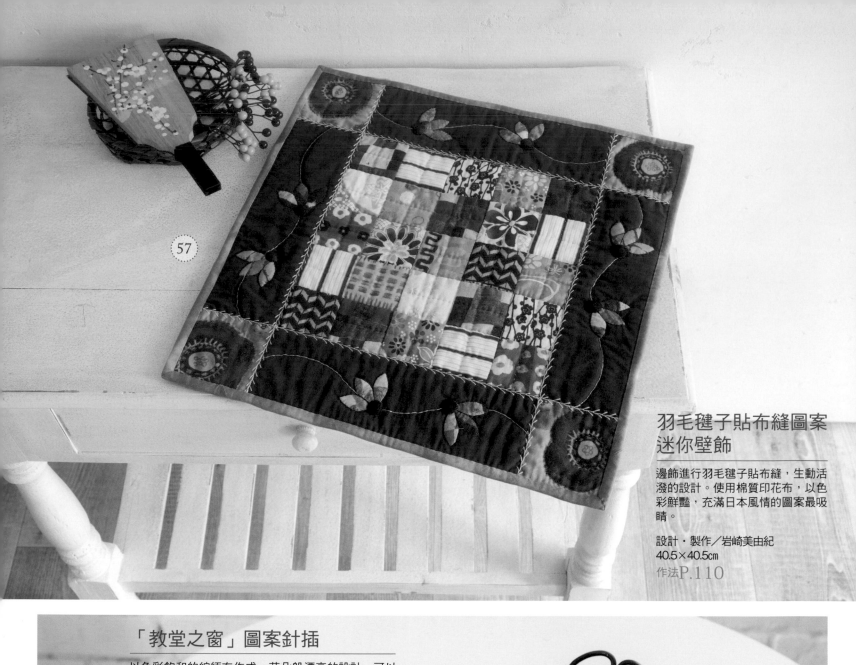

羽毛毽子貼布縫圖案
迷你壁飾

邊飾進行羽毛毽子貼布縫，生動活潑的設計。使用棉質印花布，以色彩鮮豔，充滿日本風情的圖案最吸睛。

設計・製作／岩崎美由紀
40.5×40.5cm
作法P.110

「教堂之窗」圖案針插

以色彩飽和的縮緬布作成，花朵般漂亮的設計，可以當作裝飾盡情地欣賞。

製作／木本紀代美　関 玲子　友成ふみ　山崎かをる
10×10cm
作法P.103

讓人一眼就愛上的齐藤謠子流

質感風格日常
手作服&百搭布包

斉藤謠子の質感日常
自然風手作服&實用布包

斉藤謠子◎著
定價580元
21×26cm · 96頁 · 彩色＋單色

本書超人氣收錄日本拼布名師
——斉藤謠子個人喜愛的質感風
日常手作服＆布包，秉持著「每
一天都想穿」「快速穿搭」「舒
適顯瘦」的三大設計重點，有別
於拼布作法，書中收錄的手作服
及布包皆以簡易速成、實用百搭
作為設計理念完成，　藤老師展
現了有別於以往的拼布印象，以
自身喜愛的北歐風布料，製作日
常愛用的服飾及隨身包，使手作
更加貼近生活，也讓熱愛布作的
初學者，能夠拓展拼布風格之外
的全新學習視角。

暖色系手提包

雙色調手提包

以紅黑配色完成層次分明的扇形邊飾，拼接區塊構成袋形。黑色部分宛如鎖鏈，外形時尚亮眼的手提包。

設計／鈴木淳子　製作／永瀨素子
26×24.5㎝
作法P.105

先染布手提包

以淺色與茶色零碼布裁剪小布片後拼接完成。具有先染布特有素樸典雅色澤，充滿溫暖感覺的手提包。

設計・製作／加藤まさ子　24×24㎝
作法P.106

後片組裝口袋。

雙面兩用手提包

以「煙囪與支柱」圖案完成主題圖案，拼接22片圖案，完成立體感十足的包包，手提肩背兩相宜。以茶色與焦茶色構成簡單配色，十分帥氣。

設計・製作／橫田弘美　30×29.5㎝
作法P.105

分別完成主題圖案，可以翻面使用，設計精巧。

房屋造型購物塑膠袋收納包

包包裡隨時擺放著小塑膠袋，外出更便利。將小塑膠袋放入屋子造型的收納包裡，方便使用，還能夠像吊飾一樣掛在包包上。

設計・製作／フェアリーハンズ 鈴木かつえ
左6×6cm　右 9.5×6cm
作法P.107

屋頂上部縫掛耳，鉤上手腕帶。下部設置圓孔，方便拿取或放入購物塑膠袋。

實用又充滿使用樂趣的
生活小物

造型獨特的面紙盒套

左圖作品以富士山為主題圖案，右圖作品為外盒較大的濕紙巾用布套。左圖作品縫成扁平拉鍊波奇包狀，放入盒裝面紙後摺疊側邊，以磁釦扣合。

設計・製作／高須あつみ
左 12×26×9.5cm　右 20×37cm（平面狀態時）
作法P.109

左圖作品由上方開口放入盒裝面紙後，扣合上部。抽出面紙後，宛如山頂覆蓋著靄靄白雪，非常有趣。

塑膠袋便利抽取袋

以造型可愛的抽取收納袋，擺放廚房常用的塑膠袋吧！並排「草原之花」圖案後縫製，以明亮色彩成為廚房的裝飾重點。

設計・製作／山崎良子　25×30㎝
作法P.109

後片的網袋可裝入預備用塑膠袋。

配合抽取收納袋寬度，摺疊塑膠袋後，中間夾入厚紙，即可由底部一個一個地抽出，十分方便。

拼接教室

幸運的四葉草

圖案難易度

由中心的四個正方形開始，朝著上下左右擴散似地，配置B與B'布片，完成圖案，令人不由地想起召喚幸福的四葉幸運草。以較多布片拼接而成，鋪上一件就很壯觀。只使用A與B兩種紙型，作法比較簡單。

指導／西澤まり子

嫩草色小地毯

鋪一件小地毯，腳邊就覺得很溫暖，還能成為屋裡的視線焦點。以圖案與棋盤狀部分拼接構成正方形區塊，四個角上部位加入三角形小布片後，串連成模樣。

設計・製作／西澤まり子
72×102cm　作法P.95

67

灰色調水桶包

斜斜地拼接圖案後，橫向接縫4片，上下接合灰色布片構成
的水桶形手提包。袋口夾縫滾邊繩，成為重點裝飾。安裝市
售白色皮革提把，增添清新感。

設計・製作／西澤まり子　29.5×34㎝
作法P.72

布料提供／株式会社moda Japan

68

詳細解說
製作步驟

區塊的縫法

只使用A與B兩種紙型，布片則使用A、B、B'三種。B與B'位置容易弄錯，並排確認後再拼接，最後以鑲嵌拼縫法接縫上、中心、下三個帶狀部分。拼縫平緩角度，因此作法並不會太難。作記號標出鑲嵌拼縫的止縫位置。

＊縫份倒向

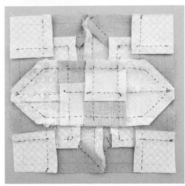

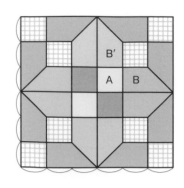

1 準備2片A布片。布片背面疊放紙型，以2B鉛筆等作記號，預留縫份0.7cm後，進行裁布。

2 正面相對疊合2片A布片，以珠針固定。進行一針回針縫後，由布端開始進行平針縫。終點也縫至布端後，進行一針回針縫。

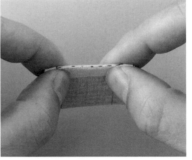

3 縫份整齊修剪成0.6cm，2片一起沿著縫合針目摺疊後，倒向深色側。

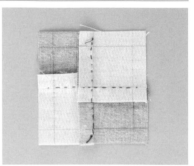

4 以相同作法再製作一片，接合兩組完成正方形。接縫處進行一針回針縫後，由布端縫至布端，縫份倒向一側。

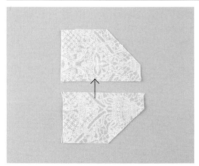

5 拼接B與B'布片。正面相對疊合2片布片，由布端縫至布端。縫份倒向上側，完成五角形小區塊，共製作2組。

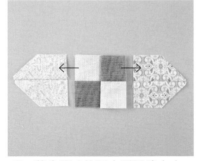

6 將步驟4的正方形區塊左右，拼接2個五角形小區塊，完成中心的帶狀區塊。縫份倒向BB'側。

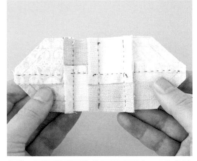

7 正面相對疊合兩個區塊，以珠針固定兩端與接縫處後，由布端縫至布端。布端與接縫處進行一針回針縫。

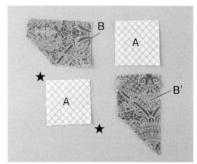

8 分別拼縫A與B、A與B'布片，共拼接2組。★部分縫至記號為止。

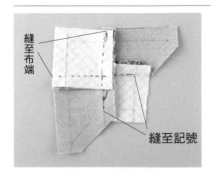

9 A與B布片由記號縫至布端，拼接A與B、A與B'兩組布片時，下側縫至記號為止。A的縫份倒向深色的BB'側，上下交互倒向不同側。

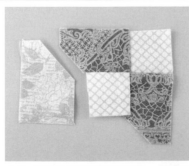

10 步驟9鑲嵌拼縫B'布片。拼縫近似直線的平緩角度，作法比較簡單。

11 步驟9正面相對疊上B'布片，以珠針固定一邊，進行一針回針縫後，由布端縫至角上的記號，角上也進行一針回針縫後暫時休針。

12 對齊下一個邊，以珠針固定，避開縫份，繼續縫合下一邊。

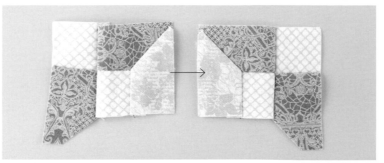
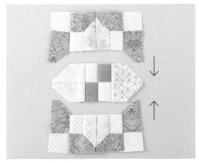

13 縫針由角上的記號處穿出後，繼續進行平針縫，縫至布端。縫合終點縫至布端後，進行一針回針縫。

14 步驟13完成左右對稱形區塊後，拼接2組。由布端縫至布端，縫合起點與終點進行一針回針縫。縫份倒向右側，再製作1組。

15 中心的帶狀區塊上下，分別鑲嵌拼縫步驟14。3個邊分別以珠針固定後，進行拼縫。

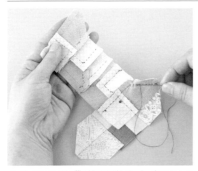
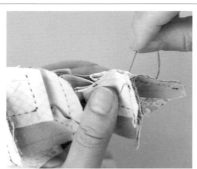
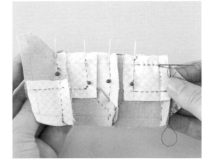

16 中心的帶狀區塊疊上步驟14後，對齊一邊，以珠針固定，進行平針縫，由布端縫至記號。

17 角上進行一針回針縫後，以珠針固定下一邊。縫針由角上記號處穿出後，由中心的帶狀區塊B側穿入。縫針再次由相同位置穿入後，由面前側的A側角上縫一針的位置穿出（左）。進行一針回針縫後，將縫針穿入角上部位（右）。

18 一邊在接縫處進行一針回針縫，一邊在長直線部分進行平針縫。角上再次進行一針平針縫後，以步驟17相同作法縫下一邊。

配色教學

以花圖案零碼布完成色彩繽紛的配色

四葉幸運草的葉子，搭配圖案大小不一的深色花布。底色盡量降低色彩，搭配近似無色彩的淺粉紅色。往四個方向擴展的正方形，挑選甜美可愛的橘色，構成配色重點。

活用和布的艷麗色彩

以四種和布為主角，構成宛如花瓣的配色。底色與正方形使用近似無色的布片，非常稱職地襯托著主角。即便近似無色，因為縮緬布的獨特皺紋與布料的織入模樣而別具風味。

P.69 手提包

手提包裁布圖（單位為cm）
※除了註記為原寸裁剪外，其餘皆需外加縫份。

●材料

各式拼接用布片　C、D用白色印花布55×25cm　E、
F用灰色素色布（包含袋底部分）75×30cm　滾邊繩用
白色印花布75×30cm（包含拼接、F部分）　滾邊用灰色
印花布50×35cm（包含拼接部分）　裡袋用布85×35
cm　鋪棉、胚布各90×35cm　直徑0.3cm棉繩75cm　長
48cm皮革提把1組
※E的原寸壓線圖案B面⑫

**原寸紙型&
壓線圖案**

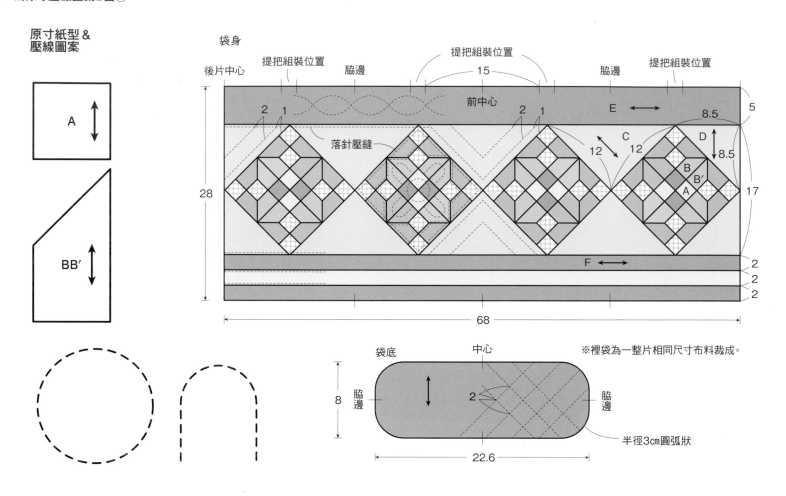

1 │ 製作袋身表布。

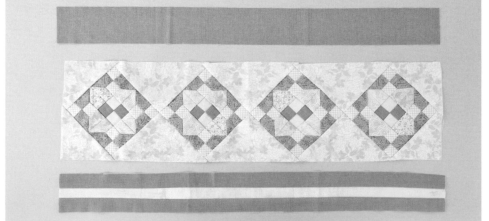

拼接A與BB'布片，完成4片圖案後，接縫C與D的三角形布
片。上下拼接E布片，與接合3片F布片的帶狀區塊。手縫或車縫都OK。

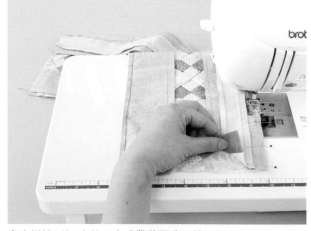

事先拼接3片F布片，完成帶狀區塊，縫份倒向深色側。拼接
圖案、E布片、F的帶狀區塊時，必須以珠針固定圖案的接縫
處，避免圖案的角上出現缺損現象。

2 | 描畫壓縫線。

利用紙型，在F布片上描畫壓縫線。由帶狀布片中心開始，一邊錯開紙型，一邊描繪上側的曲線，將紙型翻向背面，描繪下側的曲線。

利用定規尺，描畫C與D部分的三角形壓縫線。圖案部分也利用紙型，描畫圓形與曲線狀壓縫線吧！

3 | 進行疏縫。

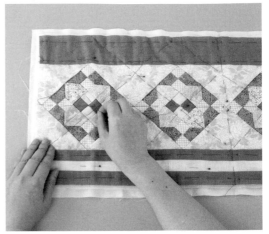

裡布與鋪棉裁大一點，疊合表布，以珠針固定後，由中心開始進行疏縫。先疏縫成十字形，上下帶狀部分也由中心開始，進行橫向疏縫，最後斜斜地疏縫成放射狀。

4 | 進行壓線。

由中心朝著外側進行壓線。中指套上頂針器，一邊推壓針頭一邊挑縫3層。分別挑縫2至3針，壓縫針目更整齊漂亮。

5 | 重新描畫周圍的完成線。

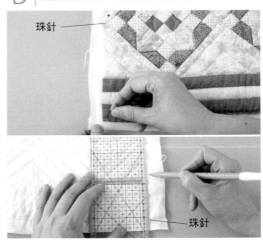

珠針

珠針

由正面看，圖案的角上插入珠針，垂直描線的位置也插入珠針。翻向背面，以珠針為大致基準，擺好定規尺，描畫完成線。

6 | 正面相對對摺後縫成筒狀。

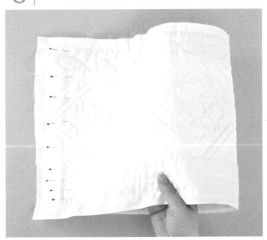

正面相對對摺後，以珠針固定後片中心的完成線。由外側朝著內側插入珠針，車縫時，更方便以右手拔出珠針。

7 | 製作袋底。

珠針

沿著完成線進行車縫後，將縫份整齊修剪成1cm。手縫時，進行回針縫。

袋底為一整片布料裁成，疊合裡布與鋪棉，進行格子狀壓縫線。利用紙型，在正面重新描畫完成線，脇邊與中心插入珠針，背面也疊放紙型，進行畫線。中心與脇邊的合印記號也別忘記喔！

8 | 縫合袋底。

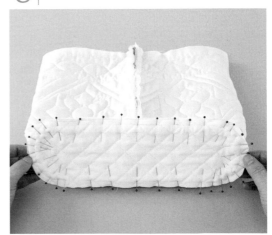

正面相對疊合袋身與袋底，以珠針固定後片中心、前片中心與脇邊，共固定4處，兩者間也固定。曲線部位細密地固定珠針，完成的作品更精美。

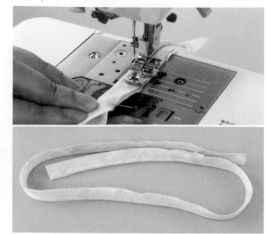

9 │ 製作滾邊繩。

10 │ 袋口周圍縫上滾邊繩。

袋底朝上，進行車縫。曲線部位慢慢車縫，手縫時進行回針縫。還不熟悉作法的人，事先進行疏縫也無妨。

準備原寸裁剪成寬3cm的斜布條，背面相對對摺，之間夾入棉繩，沿著棉繩邊緣進行車縫。車縫時，可使用車縫拉鍊的壓布腳。斜布條長度為袋口周圍68cm＋3cm。

對齊滾邊繩的縫合針目與袋口的完成線，以珠針固定。距離後片中心接縫處約1.5cm，預留餘份後，開始進行縫合，縫合起點與終點往外側避開後，進行固定。

11 │ 重新描畫周圍的完成線。

後片中心

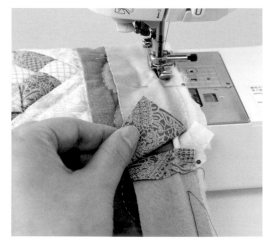

疏縫一整圈。沿著滾邊繩針目外側0.2至0.3cm處進行疏縫。

原寸裁剪成寬5cm的斜布條端部摺疊1cm後，疊在滾邊繩上，以珠針固定。在距離斜布條端部1.5cm處畫線後，對齊滾邊繩的縫合線。

斜布條的車縫終點重疊起點1cm後，修剪多餘的部分。使用車縫拉鍊的壓布腳，沿著滾邊繩邊緣進行車縫。

12 │ 反摺斜布條。

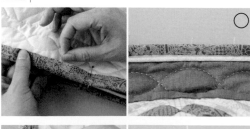

○

×

沿著斜布條邊端，整齊修剪多餘部分與鋪棉。修剪多餘的縫份後，滾邊寬度更整齊漂亮。

朝著背面反摺斜布條。反摺距離儘量長一點，以珠針固定前，先撫平斜布條。下圖般，反摺距離太短

沿著袋口邊端下方1cm處進行疏縫。挑縫時避免針目出現在表側，一邊挑縫一邊繞縫一整圈。

13 | 沿著滾邊繩邊緣進行車縫。

由表側進行正式車縫。使用車縫拉鍊的壓布腳，儘量貼近滾邊繩邊緣進行車縫。

14 | 縫合固定提把。

將市售皮革提把擺在提把安裝位置，以珠針挑縫表布1針後，將珠針穿入提把上的縫孔。這麼作就能夠確實地固定提把。

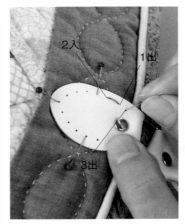

縫針由右邊的第2個縫孔穿出（1出）後，由第3個縫孔穿入（2入），接著由第1個縫孔穿出（3出）。

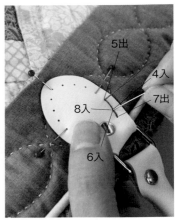

縫針由第2個縫孔穿入（4入）後，由第3個縫孔穿出（5出），以此類推，縫針依序（6→7→8）穿入穿出，端部的2針就會縫兩次線。

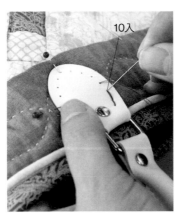

接著以回針縫進行縫合固定。縫針由第4個縫孔穿出（9出）。

縫針返回一針穿入第3個縫孔（10入）。縫針由前兩個縫孔穿出後，返回一針穿入前一個縫孔，重複此步驟，依序縫合固定。縫合終點與起點一樣，最後2針縫兩次線，使提把更加牢固。

以皮革專用縫線或取2條壓線用線縫合提把。縫線穿針後對摺，穿成輪狀時，易出現扭轉或纏線等情形。依圖示一邊整理縫線避免出現扭轉現象，一邊縫合固定提把。

15 | 製作裡袋後套在表布外側。

以一整片相同尺寸的布料裁剪裡袋用布後，正面相對對摺袋身部分，縫成筒狀。正面相對疊合袋底，進行縫合。

16 | 以藏針縫縫合裡袋。

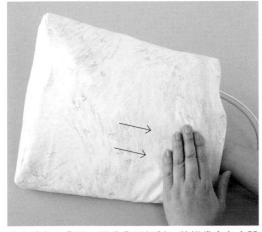

將本體翻向背面，裡袋背面相對，將裡袋套在本體上。由袋底側開始，以手撫平至完全貼合，確實作好此步驟，裡袋組裝入手提包裡之後就不會太鬆垮。

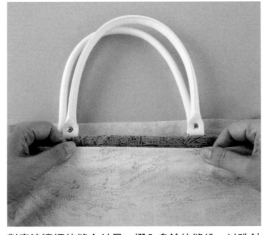

對齊滾邊繩的縫合針目，摺入多餘的縫份。以珠針固定時，固定成可稍微遮擋縫合針目。

進行藏針縫，將裡袋縫在斜布條上。挑縫至鋪棉，避免針目出現在表側。

以A與B布片完成小區塊後，鑲嵌拼縫C布片，完成大區塊，製作四個大區塊後彙整成圖案。需要拼縫小布片，但全部都是縫直線，因此作法不會太難。鑲嵌拼縫重點是，確實地對齊記號，確實地縫住每一邊的記號處。進行配色時，以C布片為底色襯托B布片，再以A布片為重點配色。

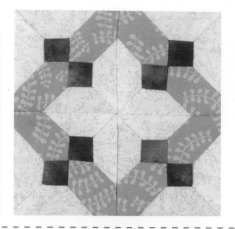

縫份倒向

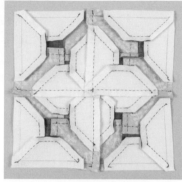

製圖方法

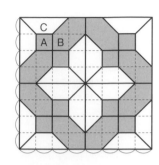

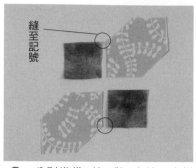

縫至記號

1 分別準備2片A與B布片。先拼接A與B布片，完成兩個小區塊。

2 正面相對疊合兩個小區塊，對齊記號，以珠針固定兩端的角上與中心。由記號縫至布端，縫合起點與終點進行一針回針縫。縫份倒向A側。

3 縫合兩個小區塊。先並排小區塊，確認縫合位置。

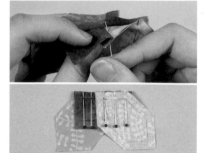

4 正面相對疊合，對齊記號後以珠針固定。固定珠針時，同時由表側確認，避免接縫處錯開位置。

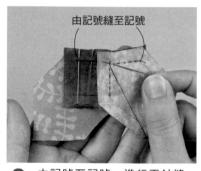

由記號縫至記號

5 由記號至記號，進行平針縫。在接縫處進行一針回針縫，以避免錯開位置。縫份整齊修剪成0.6cm左右後，倒向其中一側。

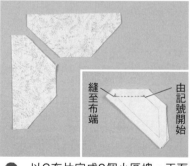

縫至布端
由記號開始

6 以C布片完成2個小區塊。正面相對疊合2片C布片，以珠針固定後，由記號至布端，進行平針縫。決定方向後，縫份倒向任一側。

7 A、B的小區塊鑲嵌拼縫C的小區塊。

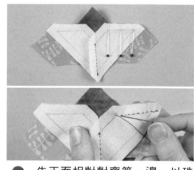

8 先正面相對對齊第一邊，以珠針固定後，由布端縫至角上。角上記號處跳過A的縫份，進行一針回針縫。

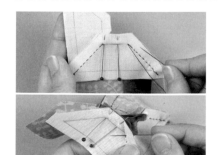

9 不剪線，暫休針，對齊第二邊的記號，以珠針固定後，進行縫合。下一個角上也進行一針回針縫，跳過縫份，穿過縫針，以相同作法縫合第二、第四邊。

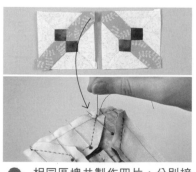

10 相同區塊共製作四片，分別接合2片。由布端縫至布端，縫份較厚部分，縫針一針一針地垂直穿出穿入，以上下穿縫法完成接合（下）。

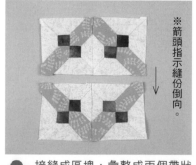

※箭頭指示縫份倒向。

11 接縫成區塊，彙整成兩個帶狀區塊。縫份交互倒向上下帶狀區塊，再拼接帶狀區塊，彙整成一整片圖案。

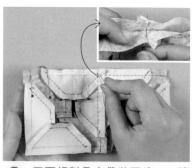

12 正面相對疊合帶狀區塊，一邊確實對齊接縫處，一邊以珠針固定，由布端縫至布端。縫合起點與終點、接縫處進行一針回針縫。

線軸

* *

以曲線表現線軸形狀，拼接布片完成一個拼布圖案。對齊布片，細密地固定珠針，以細小針目進行縫合，即可將曲線部位縫得更漂亮。縫份交互倒向不同側，因此皆從記號縫至記號。配色時，相鄰布片形成色差或明度差，以突顯布片的形狀。

縫份倒向

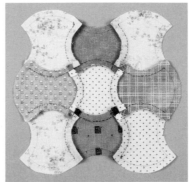

製圖方法

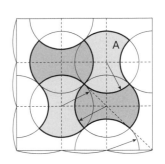

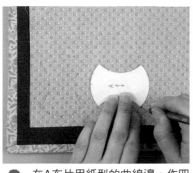

1 在A布片用紙型的曲線邊，作四等份的合印記號。布片背面疊放紙型，以2B鉛筆作記號，同時作合印記號。

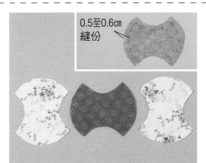

0.5至0.6cm 縫份

2 拼縫布片後，曲線部位縫份不易修剪，因此裁剪布片時縫份留小一點。正面相對疊合布片時也比較容易。並排布片，確認拼縫位置。

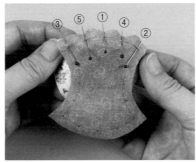

③ ⑤ ① ④ ②

3 正面相對疊合2片布片，對齊凸邊與凹邊後，以珠針依序固定中心的合印記號、兩端的角上、兩者間的合印記號。

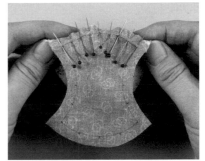

4 步驟3固定的珠針之間部分，也對齊記號，以珠針固定。對齊曲線部位的邊時，記號處易錯開位置，確實地對齊。

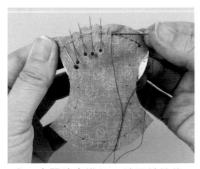

5 由記號處進行一針回針縫後，進行平針縫。以較細密針目進行拼縫，以免珠針固定的記號處錯開位置，縫至記號後，進行一針回針縫。

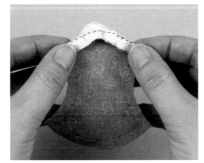

6 沿著接縫處摺疊縫份，兩片一起摺疊後，倒向容易自然倒下的凸側。以手指壓住縫份，壓出褶痕，處理縫份後更漂亮。

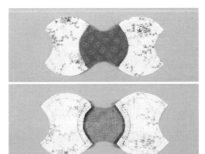

7 以相同作法拼接另一片A布片，縫份倒向凸側，完成帶狀區塊。以相同作法完成3個帶狀區塊。

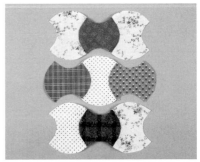

8 深淺布片交互拼接，1片深色搭配2片淺色布片，完成2個帶狀區塊，2片深色搭配1片淺色布片，進行配色後，依圖示並排拼接成1個帶狀區塊。

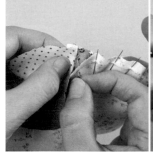
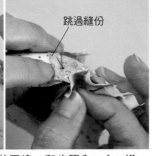

跳過縫份

9 正面相對疊合兩個帶狀區塊，和步驟3、4一樣，對齊記號後，以珠針固定。接縫處相互重疊部分，跳過處理過縫份倒向的部位，表側也確認後，插入珠針，進行固定。如此一來，接縫處就不會錯開位置。

10 避免一次固定太多珠針，布片上插滿珠針而阻礙縫合作業之進行，只固定一半左右。由記號至接縫起點，接縫處跳過已經處理過縫份的部分，進行一針回針縫，避免縫好後錯開位置。拉緊縫線，縫針穿入記號處後，由下一個布片的角上記號處穿出（右）。

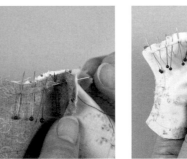

11 接縫一半後，同樣以珠針固定剩下部分，縫至記號。接縫帶狀區塊的縫份，連同布片縫份，一起倒向凸側。接縫處縫份處理成風車狀。

拼布小建議

本期登場的老師們，
將為拼布愛好者介紹不可不知的實用製作訣竅，
可應用於各種作品，大大提昇完成度。

協力／大畑美佳

立體的「德勒斯登圓盤」縫法

P.54手提包的「德勒斯登圓盤」圖案尖端拼縫成浮空狀態。

1 對摺倒梯形細長布片，縫合上部。以鍊狀拼接連續車縫布片，可以更迅速地完成縫合。布片之間距離約0.5cm，不進行回針縫。縫至終點後，剪斷之間的縫線。必須製作16片。

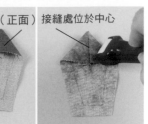

（正面）接縫處位於中心

2 將車縫部分翻回正面，上部摺成三角形。翻回正面之前，先摺疊一下縫份，翻面後，角上部位更漂亮（左）。摺疊後讓接縫處位於中心，以滾輪骨筆滾壓摺疊處（右）。

回針縫

3 正面相對疊合布片，對齊記號，以珠針固定，進行拼縫。僅上部進行回針縫。翻回正面，縫份倒向一個方向。拼接2片，進行縫合，完成四個區塊，接著拼縫四個區塊，完成圓形圖案。

4 拼縫16片布片後樣貌。確認倒向，以熨斗壓燙，將縫份處理得更漂亮。

角上部位漂亮翻面的訣竅

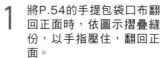

1 將P.54的手提包袋口布翻回正面時，依圖示摺疊縫份，以手指壓住，翻回正面。

2 以尖錐挑出摺入內側的角上部位後調整形狀。

將內口袋縫合固定於正確位置

1 以P.54的手提包為例進行解說。在裡袋的表側作記號，標出組裝位置。將珠針插入背面上部兩個角上的記號處，在出針處旁作點狀記號。

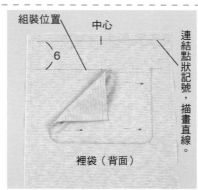

組裝位置　中心
連結點狀記號，描畫直線。
6
裡袋（背面）

2 連結點狀記號，描畫直線，下方6cm處也畫線，作記號標出裡袋組裝位置。沿著記號疊放內口袋，對齊中心，以珠針固定（固定於不會阻礙車縫作業的位置）。

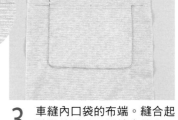

3 車縫內口袋的布端。縫合起點與終點時，繼續車縫內口袋外側一針左右後，進行回針縫。

使用包釦的拉鍊裝飾

拉鍊端部露出袋口時，必須處理端部。
以下為兩顆包釦夾住拉鍊端部的拉鍊裝飾作法相關解說。

包釦芯
0.7

1 將包釦芯擺在布片背面，作記號，預留縫份0.7cm，裁剪圓形布片。在布片周圍進行平針縫，放入包釦芯，收緊縫線，確實固定，避免縫線鬆開。

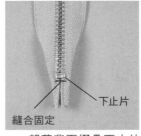

下止片
縫合固定

2 朝著背面摺疊下止片兩旁的拉鍊布，縮小寬度後縫合固定，方便以包釦夾住拉鍊端部。

3 以兩顆包釦夾住拉鍊端部後，包釦就會遮擋住拉鍊的下止片。以梯形縫進行縫合固定。

一邊穿縫拉鍊布，一邊縫合固定包釦。縫線穿縫包釦的布，不穿過鍊齒部位。

Lovely
&
Happy !

就是可愛的

38款幸福感手作包・波奇包・
壁飾・布花圈・胸花手作典藏

Happy & Lovely！
松山敦子の
甜蜜復刻拼布

松山敦子◎著
平裝／88頁／21×26cm
彩色／定價450元

本書超人氣收錄兼具實用功能及裝飾性的手作包、波奇包、壁飾、布花圈、胸花等，以圖解説明作法，並收錄基礎拼布、繡法、貼布縫等基本技巧教學，適合具有拼布基礎的初學者及喜歡復刻布風格拼布設計的進階者，以明亮色彩的調和就能為平凡的創作日常，帶來更多有趣的新鮮感，亦能增添生活的多元面貌，「可愛與快樂」是松山敦子老師堅持創作了30年的幸福原點，希望能以這樣的出發點，感染每一位喜愛拼布創作的您，喜歡松山敦子老師的風格的您，也一定要試著製作看看喲！

一定要學會の 拼布基本功

基本工具

針

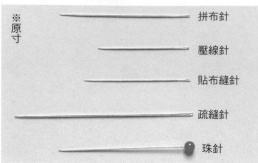

※原寸

- 拼布針
- 壓線針
- 貼布縫針
- 疏縫針
- 珠針

配合用途有各式各樣的針。拼布針為8至9號洋針，壓線針細且短，貼布縫針像絹針一樣細又長，疏縫針則比較粗且長。

線

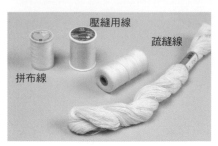

壓縫用線
疏縫線
拼布線

拼布適用60號的縫線，壓線建議使用上過蠟、有彈性的線。但若想保有柔軟度，也可使用與拼布一樣的線。疏縫線如圖示，分成整捲或整捆兩種包裝。

記號筆

一般是使用2B鉛筆。深色布以亮色系的工藝用鉛筆或色鉛筆作記號，會比較容易看見。氣消筆或水消筆在描畫壓線線條時很好用。

頂針器

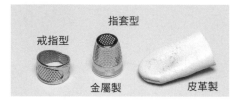

戒指型
指套型
金屬製
皮革製

平針縫與壓線時的必備工具。一旦熟練使用，縫出的針趾就會漂亮工整。戒指型主要用於平針縫，金屬或皮革製的指套則用於壓線。

壓線框

繡框的放大版。壓線時將布框入撐開。直徑30至40cm是好用的尺寸。

拼布用語

◆圖案（Pattern）◆
拼縫三角形或四角形的布片，展現幾何學圖形設計。依圖形而有不同名稱。

◆布片（Piece）◆
組合圖案用的三角形或四角形等的布片。以平針縫縫合布片稱為「拼縫」（Piecing）。

◆區塊（Block）◆
由數片布片縫合而成。有時也指完成的圖案。

◆表布（Top）◆
尚未壓線的表層布。

◆鋪棉◆
夾在表布與底布之間的平面棉襯。適用密度緊實的薄鋪棉。

◆底布◆
鋪棉的底布。夾在表布與底布之間。適用織目疏鬆、針容易穿過的材質。薄布會讓壓線的陰影無法漂亮呈現於表層，並不適合。

◆貼布縫◆
另外縫合上其他的布。主要是使用立針縫（參照P.83）。

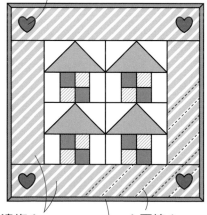

◆大邊條◆
接縫在由數個圖案縫合的表布邊緣的布。

◆包邊◆
以斜紋布條包覆完成壓線的拼布周圍或包包的袋口縫份。

◆壓線◆
重疊表布、鋪棉與底布，壓縫3層。

◆壓線線條◆
在壓線位置所作的記號。

主要步驟

製作布片的紙型。

↓

使用紙型在布上作記號後裁布，準備布片。

↓

拼縫布片，製作表布。

↓

在表布描畫壓線線條。

↓
重疊表布、鋪棉、底布進行疏縫。

↓

進行壓線。

↓

包覆四周縫份，進行包邊。

拼縫前準備工作

下水

新買的布在縫製前要水洗。即使是統一使用相同材質的布拼縫，由於縮水狀況不一，有時作品完成下水仍舊出現皺縮問題。此外，以水洗掉新布的漿，會更好穿縫，且能預防褪色。大片布就以洗衣機代勞，洗後在未完全乾燥時，一邊整理布紋，一邊以熨斗整燙。

關於布紋

原寸紙型上的箭頭所指方向代表布紋。布紋是指直橫交織而成的紋路。直橫正確交織，布就不會歪斜。而拼布不同於一般裁縫，布紋要對齊直布紋或橫布紋任一方都OK。斜紋是指斜向的布紋。與直布紋或橫布紋呈45度的稱為正斜向。

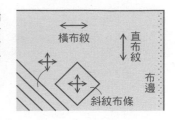

製作紙型

將製好圖的紙，或是自書本複印下來的圖案，以膠水黏貼在厚紙板上。膠水最好挑選不會讓紙起皺的紙用膠水。接著以剪刀沿著線條剪開，註明所需數量、布紋，並視需要加上合印記號。

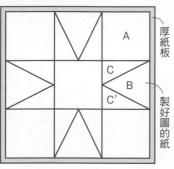 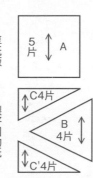 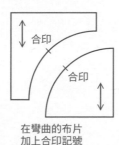

在彎曲的布片加上合印記號

作上記號後裁剪布片

紙型置於布的背面，以鉛筆作上記號。在貼上砂紙的裁布墊上作記號，布比較不會滑動。縫份約為0.7cm，不必作記號，目測即可。

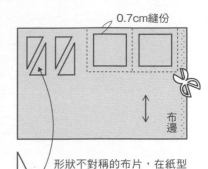

0.7cm縫份

形狀不對稱的布片，在紙型背後作上記號。

拼縫布片

◆始縫結◆

縫前打的結。手握針，縫線繞針2、3圈，拇指按住線，將針向上拉出。

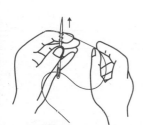

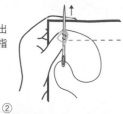

1. 2片布正面相對，以珠針固定，自珠針前0.5cm處起針。

2. 進行回針縫，手指確實壓好布片避免歪斜。

3. 以手指稍微整理縫線，避免布片縮得太緊。

4. 在止縫處回針，並打結。留下約0.6cm縫份後，裁剪多餘布片。

◆止縫結◆

縫畢，將針放在線最後穿出的位置，繞針2、3圈，拇指按住線，將針向上拉出。

◆分割縫法◆

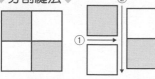

直線方向由布端縫到布端時，分割成帶狀拼縫。

◆鑲嵌縫法◆

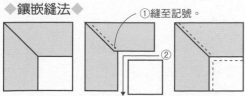

①縫至記號。

②

無法使用直線的分割縫法時，在記號處止縫，再嵌入布片縫合。

各式平針縫

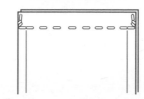

由布端到布端
兩端都是分割縫法時。

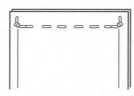

由記號縫至記號
兩端都是鑲嵌縫法時。

由布端縫至記號
縫至記號側變成鑲嵌縫法時。

縫份倒向

縫份不熨開而倒向單側。朝著要倒下的那一側，在針趾向內1針的位置摺疊縫份，以指尖往下按壓。

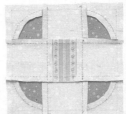 

基本上，縫份是倒向想要強調的那一側，彎曲形則順其自然的倒下。其他還有全部朝同一方向倒下，或是倒向外側等，各式各樣的倒向方法。碰到像檸檬星（右）這種布片聚集在中心的狀況，就將菱形布片兩兩縫合成縫份倒向同一個方向的區塊，整合成上下的帶狀布後，再彼此縫合。

描畫壓線線條，進行疏縫

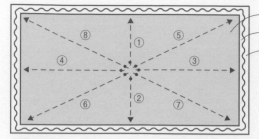

- 表布（正面）
- 鋪棉
- 底布（背面）

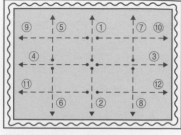

以熨斗整燙表布，使縫份固定。接著在表面描畫壓線記號。若是以鉛筆作記號，記得不要畫太黑。在畫格子或條紋線時，使用上面有平行線及方眼格線的尺會很方便。

準備稍大於表布的底布與鋪棉，依底布、鋪棉、表布的順序重疊，以手撫平，再以珠針重點固定。由中心向外側進行疏縫。上圖是放射狀疏縫的例子。

格狀疏縫的例子。適用拼布小物等。

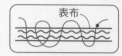

表布

止縫作一針回針縫，不打止縫結，直接剪掉線。

壓線

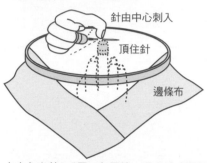

針由中心刺入
頂住針
邊條布

由中心向外，3層一起壓線。以右手（慣用手）的頂針指套壓住針頭，一邊推針一邊穿縫。左手（承接手）的頂針指套由下方頂住針。使用拼布框作業時，當周圍接縫邊條布，就要刺到布端。

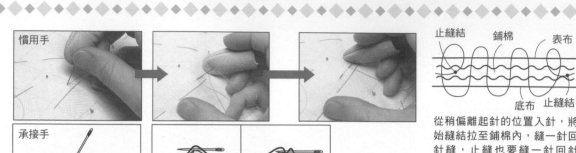

慣用手

承接手

針由上刺入，以指套頂住。→以指套將布往往上提，在指套邊作出一個山形，再以慣用手的指套推針，貫穿山腰。→以指套往左錯開，製造下個一山形，再依同樣方式穿縫。

每穿縫2、3針，就以指套壓住針後穿出。

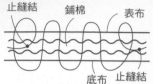

止縫結　鋪棉　表布

底布　止縫結

從稍偏離起針的位置入針，將始縫結拉至鋪棉內，縫一針回針縫，止縫也要縫一針回針縫，將止縫結拉至鋪棉內藏起來。

包邊

畫框式包邊

所謂畫框式包邊，就是以斜紋布條包覆拼布四周時，將邊角處理成及畫框邊角一樣的形狀。

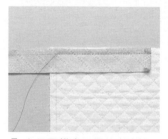

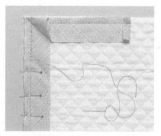

1 在正面描畫四周的完成線。斜紋布條正面相對疊放在拼布上，對齊斜紋布條的縫線記號與完成線，以珠針固定，縫到邊角的記號，在記號縫一針回針縫。

2 針線暫放一旁，斜紋布條摺成45度（當拼布的角是直角時）。重要的是，確實沿記號邊摺疊成與下一邊平行。

3 斜紋布條沿著下一邊摺疊，以珠針固定記號。邊角如圖示形成一個褶子。在記號上出針，再次從邊角的記號開始縫。

斜紋布條作法

◆量少時◆

縫份錯開的部分

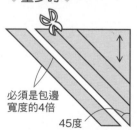

（背面）　（正面）

必須是包邊寬度的4倍

45度

（背面）

布摺疊成45度，畫出所需寬度。1cm寬的包邊需要4cm、0.8cm寬要3.5cm、0.7cm寬要3cm。包邊寬度愈細，加上布的厚度要預留寬一點。

接縫布條時，兩片正面相對，以細針目的平針縫縫合。熨開縫份，剪掉露出外側的部分。

4 布條在始縫時先摺1cm。縫完一圈後，布條與摺疊的部分重疊約1cm後剪斷。

5 縫份修剪成與包邊的寬度，布條反摺，以立針縫縫合於底布。以布條的針趾為準，抓齊包邊的寬度。

6 邊角整理成布條摺入重疊45度。重疊處縫一針回針縫變得更牢固。漂亮的邊角就完成了！

◆量多時◆

縫份錯開的部分

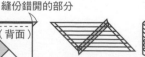

（背面）

（正面）

布裁成正方形，沿對角線剪開。

裁開的布正面相對重疊並以車縫縫合。

熨開縫份，沿布端畫上需要的寬度。另一邊的布端與畫線記號錯開一層，正面相對縫合。以剪刀沿著記號剪開，就變成一長條的斜紋布。

拼布包縫份處理

A 以底布包覆

側面正面相對縫合，僅一邊的底布留長一點，修齊縫份。接著以預留的底布包覆縫份，以立針縫縫合。

B 進行包邊（外包邊的作法相同）

適合彎弧部分的處理方式。兩片正面相對疊合（外包邊是背面相對），疏縫固定，斜紋布條正面相對，進行平針縫。

修齊縫份，以斜紋布條包覆進行立針縫，即使是較厚的縫份也能整齊收邊。斜紋布條若是與底布同一塊布，就不會太醒目。

C 接合整理

處理後縫份不會出現厚度，可使作品平坦而不會有突起的情形。以脇邊接縫側面時，自脇邊留下2、3cm的壓線，僅表布正面相對縫合，縫份倒向單側。鋪棉接合以粗針目的捲針縫縫合，底布以藏針縫縫合。最後完成壓線。

貼布縫作法

方法A（摺疊縫份以藏針縫縫合）

 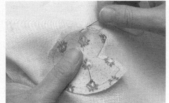

在布的正面作記號，加上0.3至0.5cm的縫份後裁布。在凹處或彎弧處剪牙口，但不要剪太深以免綻線，大約剪到距記號0.1cm的位置。接著疊放在土台布上，沿著記號以針尖摺疊縫份，以立針縫縫合。

方法B（作好形狀再與土台布縫合）

在布的背面作記號，與A一樣裁布。平針縫彎弧處的縫份。始縫結打大一點以免鬆脫。接著將紙型放在背面，拉緊縫線，以熨斗整燙，也摺好直線部分的縫份。線不動，抽掉紙型，以藏針縫縫合於土台布上。

基本縫法

◆平針縫◆
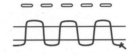

◆回針縫◆
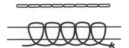

◆立針縫◆
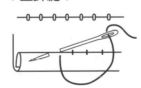

◆星止縫◆

◆捲針縫◆

◆梯形縫◆

兩端的布交替，針趾與布端呈平行的挑縫

安裝拉鍊

從背面安裝

對齊包邊端與拉鍊的鍊齒，以星止縫縫合，以免針趾露出正面。以拉鍊的布帶為基準就能筆直縫合。
※縫合脇邊再裝拉鍊時，將拉鍊下止部分置於脇邊向內1cm，就能順利安裝。

從正面安裝

同上，放上拉鍊，從表側在包邊的邊緣以星止縫縫合。縫線與表布同顏色就不會太醒目。因為穿縫到背面，會更牢固。背面的針趾還可以裡袋遮住。

拉鍊布端可以千鳥縫或立針縫縫合。

包邊繩作法

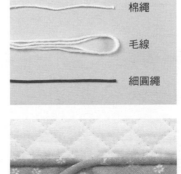

棉繩

毛線

細圓繩

以斜紋布條將芯包住。若想要鼓鼓的效果就以毛線當芯，或希望結實一點就以棉繩或細圓繩製作。棉繩與細圓繩是以用斜紋布條邊夾邊縫合，毛線則是斜紋布條縫合成所需寬度後再穿。

◆棉繩或細圓繩◆

◆毛線◆

縫合側面或底部時，先暫時固定於單側，再壓緊一邊將另一邊包邊繩縫合固定。始縫與止縫平緩向下重疊。

作品紙型＆作法

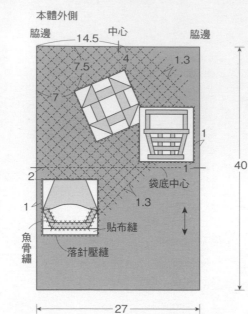

＊圖中的單位為cm。
＊圖中的❶❷為紙型號碼。
＊完成作品的尺寸多少會與圖稿的尺寸有所差距。
＊關於縫份，原則上布片為0.7cm、貼布縫為0.3至0.5cm，
　其餘則預留1cm後進行裁剪。
＊附註為原寸裁剪標示時，不留縫份，直接裁剪。
＊P.80至P.83請一併參考。
＊刺繡方法請參照P.108。
＊波奇包作法請參照P.18至P.23。

P5　No.5 波奇包　●紙型B面❾（圖案⊗⋒的原寸紙型）

◆材料
各式拼接、貼布縫、拉鍊裝飾用布片　本體外
側布、本體內側布　各45×30cm　雙面接著
鋪棉、胚布各45×65cm　寬4cm滾邊用斜布
條50cm　長25cm拉鍊2條　直徑2cm鈕釦　橡
實的殼斗　長1.5cm圓筒形木珠、直徑0.6cm
木珠、直徑0.3cm木珠各1顆　直徑0.1cm蠟繩
15cm　毛線適量

◆作法順序
本體外側、本體內側的表布，疊合雙面接著襯
與胚布後黏貼，進行壓線→拼接圖案⊂至⋒
後製作，在本體上進行貼布縫，進行落針壓縫
→依圖示完成製作。

完成尺寸　20.5×29cm

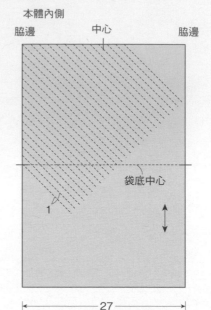

本體外側
脇邊　中心　脇邊
14.5
7.5　4　1.3
7
2
1
魚骨繡
落針壓縫
貼布縫
袋底中心
40
27

本體內側
脇邊　中心　脇邊
袋底中心
40
27

圖案的配置圖

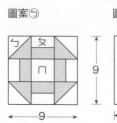
圖案⊂

圖案⊗
9 × 9

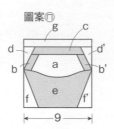
圖案⋒
g c
d d'
b a b'
f e f'
9 × 9

縫製方法

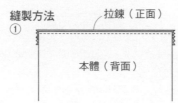

① 拉鍊（正面）
本體（背面）

正面相對疊合本體外側與拉鍊，
進行縫合。

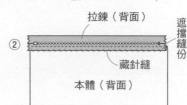

② 拉鍊（背面）
遮擋縫份
藏針縫
本體（背面）

將本體翻回正面，以拉鍊邊端覆蓋
縫份後，縫在胚布上。本體內側以
相同作法安裝拉鍊。

圖案的配置圖

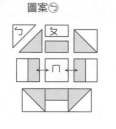
圖案⊂
ㄅ ㄆ
ㄇ

圖案⋒
g
d c d'
b a b
f e f'

布縫順序

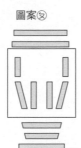

圖案⊗

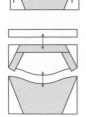

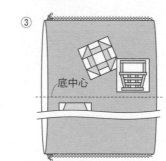

③ 底中心

另一側也以相同作法
安裝拉鍊
縫合袋底中心。

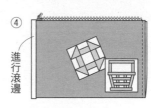

④ 進行滾邊

背面相對對摺本體，
縫合兩脇邊。
進行滾邊，
包覆處理縫份。

拉鍊裝飾

繩帶

1
5

① 縫成筒狀，
穿入毛線。
毛線

② 縫住鈕釦
2.5
將繩帶穿過拉鍊頭
上的小圓環後縫住。
拉鍊頭

橡實

3
（原寸裁剪）

① 0.2
周圍進行平針縫

② 棉花
進行平針縫，
一邊收緊縫線，
一邊塞入棉花。

以白膠黏貼
橡實的殼斗
5
木珠
線繩
拉鍊頭

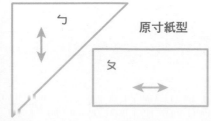
ㄅ
原寸紙型
ㄆ

ㄇ

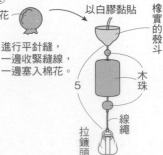

84

◆材料

各式側身拼接、拉鍊尾片用布片　袋身用布30×15cm　鋪棉30×20cm　胚布60×20cm（包含寬3.5cm處理縫份用斜布條）　長15cm拉鍊1條　小花飾片1片　直徑0.2cm珍珠串珠3顆　直徑0.3cm水滴形串珠2顆　25號繡線適量

◆作法順序

袋身用布進行刺繡→拼接A至C布片，彙整側身→袋身、側身疊合胚布，進行壓線→依圖示完成縫製。

◆作法重點

○進行針黹刺繡時，請參考布面圖案。
○以處理縫份的斜布條覆蓋縫份後，進行藏針縫時，避免針目出現在表側。

側面（2片）

小花飾片　落針壓縫　羽毛繡

珍珠串珠　　　　　法國結粒繡

緞面繡

固定位置

水滴形串珠

輪廓繡

12

1cm格子狀壓線

側身（2片）

2

0.4

A　A'
落針壓縫

7.5

9

C

0.4

3.5

B　B'

底中心

4

拉鍊尾片原寸紙型

拉鍊尾片（4片）

完成尺寸　9×12cm

側身①

（正面）

（背面）

正面相對疊合，縫合袋底中心。

②

胚布（背面）　鋪棉

雛菊繡　法國結粒繡

拉鍊（正面）

疊合3層，進行壓線，袋底中心進行刺繡。

①（正面）

鋪棉（靠近針目邊緣進行裁剪）

（背面）

正面相對疊合2片布片後，疊合鋪棉，進行縫合。

縫製方法①

拉鍊尾片

側身（正面）　斜布條（背面）

拉鍊（背面）

側身與拉鍊正面相對疊合，之間夾入拉鍊尾片，再與斜布條正面相對疊合，進行縫合。

②

斜布條（背面）　拉鍊（背面）

斜布條（正面）

側身（背面）

反摺斜布條，在側身（背面）進行藏針縫。

③

斜布條（背面）　拉鍊（背面）

②藏針縫。

側面（背面）

①進行縫合。

袋身與側身正面相對疊合，側身正面相對疊合斜布條，進行縫合。斜布條倒向側面，進行藏針縫。

②　0.2

（正面）

翻回正面，周圍車縫針目。

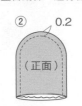

◆材料

各式拼接、拉鍊尾片用布片　鋪棉25×35cm　胚布55×25cm（包含處理縫份部分）　長17cm拉鍊1條　直徑0.5cm亮片22片

◆作法順序

拼接A至C布片，完成圖案㋐㋚，分別完成8片後，依照配置圖進行接合→拼接E、F布片，完成表布→疊合鋪棉、胚布，進行壓線→縫上亮片→依圖示完成製作。

◆作法重點

○拉鍊尾片作法請參照No.4。

完成尺寸　16×18cm

拉鍊尾片（4片）

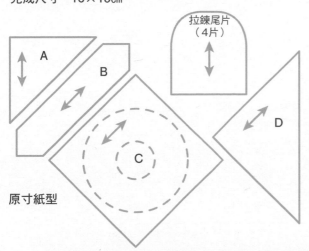

A

B

C

D

原寸紙型

本體

A　落針壓縫　0.4
6　　㋐　　3　D

B　C　　　1.3　6
㋚

24

亮片

袋底中心

30.8

進行十字形掛線，縫上亮片。

1
5　　　　E
1.8　　F

18

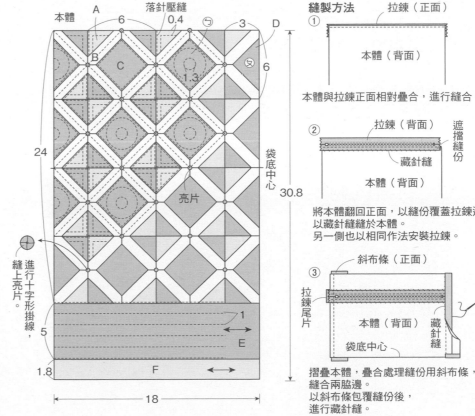

縫製方法①

拉鍊（正面）

本體（背面）

本體與拉鍊正面相對疊合，進行縫合。

②

拉鍊（背面）　遮擋縫份

藏針縫

本體（背面）

將本體翻回正面，以縫份覆蓋拉鍊邊端，以藏針縫縫於本體。另一側也以相同作法安裝拉鍊。

③

斜布條（正面）

拉鍊　拉鍊尾片

本體（背面）　藏針縫

袋底中心

摺疊本體，疊合處理縫份用斜布條，縫合兩脇邊。以斜布條包覆縫份後，進行藏針縫。

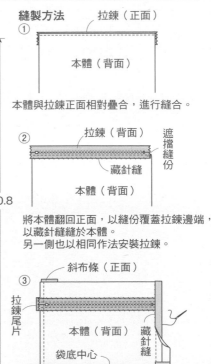

◆材料

No.11　各式拼接用、貼布縫用布片　後片用布25×20cm
　　　　袋底用15×5cm　寬3.5cm滾邊用斜布條 50cm
　　　　鋪棉、胚布各55×20cm　長20cm拉鍊1條　25
　　　　號黃綠色繡線適量

No.10　各式拼接用布片　F、G、袋底用布片35×35cm
　　　　（包含滾邊部分）提把用布25×10cm　鋪棉、
　　　　胚布各55×25cm　長18cm拉鍊1條　直徑1.7cm
　　　　鈕釦2顆　25號淺茶色繡線適量

◆作法順序

No.11　拼接前片，進行貼布縫與刺繡，完成表布→疊合
　　　　鋪棉與胚布，進行壓線→後片、袋底也以相同作
　　　　法製作→以下參照No.10的縫製方法→安裝拉鍊。

No.10　進行拼接與刺繡，完成前片與後片表布→疊合鋪
　　　　棉與胚布，進行壓線→袋底也以相同作法製作→
　　　　前片與後片正面相對疊合，縫合脇邊，參照圖示
　　　　完成縫製→安裝拉鍊→製作提把→本體縫上鈕釦
　　　　後，組裝提把。

◆作法重點

○製作No.10用包釦，裁剪直徑2cm的包釦用圓形布片，
　周圍進行平針縫，放入包釦心，拉緊縫線。完成包釦
　後，將背面側中心縫於波奇包本體。

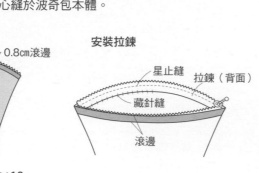

完成尺寸　14.5×19cm

安裝拉鍊

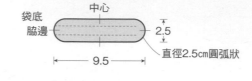

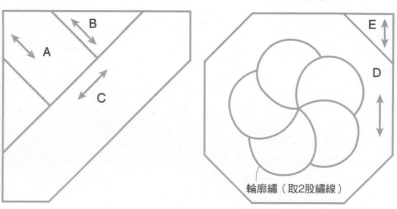

No.10原寸紙型

輪廓繡（取2股繡線）

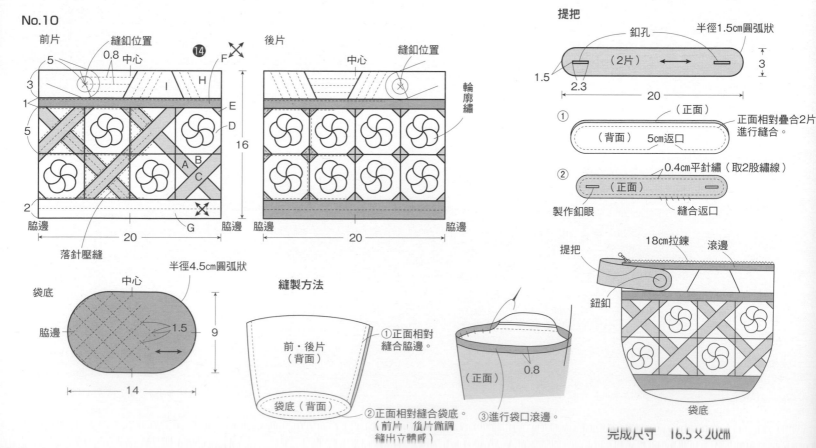

P9 No.12 波奇包 ●紙型B面❻（原寸壓線圖案）

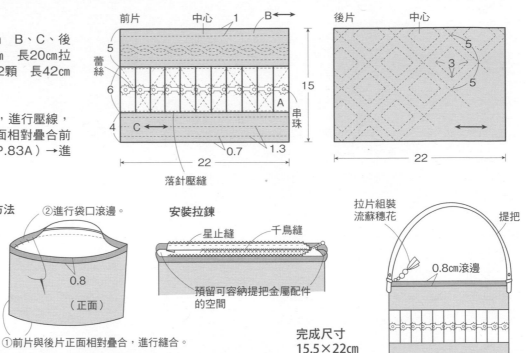

◆材料

各式拼接用布片　寬3.5cm滾邊用斜布條50cm　B、C、後片用布片30×25cm　鋪棉、胚布各55×20cm　長20cm拉鍊1條　寬1.8cm蕾絲25cm　直徑0.4cm串珠12顆　長42cm夾式提把1條　長2.5cm流蘇穗花1個

◆作法順序

拼接A至C布片，完成前片→疊合鋪棉與胚布，進行壓線，縫上蕾絲與串珠→以相同作法製作後片→正面相對疊合前片與後片，縫成袋狀（縫份處理方法請參照P.83A）→進行袋口滾邊→安裝拉鍊。

原寸紙型

A

縫製方法

②進行袋口滾邊。

①前片與後片正面相對疊合，進行縫合。

0.8

（正面）

安裝拉鍊

星止縫　千鳥縫

預留可容納提把金屬配件的空間

拉片組裝流蘇穗花　提把

0.8cm滾邊

完成尺寸 15.5×22cm

P10 No.14 波奇包 ●紙型B面⓱-A（側身的原寸紙型＆貼布縫圖案）

◆材料

各式拼接用、貼布縫用布片　側身、D用布50×25cm（包含拉鍊尾片部分）　C用布30×10cm　單膠鋪棉、胚布各40×40cm　長30cm拉鍊1條　寬0.3cm波形織帶55cm　25號繡線適量

◆作法順序

拼接A布片，B布片進行貼布縫→拼接A至D布片，完成表布→黏貼鋪棉，進行刺繡→正面相對疊合胚布，縫合兩脇邊→縫份整齊修剪成0.7cm，翻回正面，進行壓線→以相同作法製作側身→袋身安裝拉鍊，以下依圖示完成縫合→縫合波形織帶。

◆作法重點

○側身預留返口，縫合周圍，翻回正面，縫合返口，進行壓線。

完成尺寸　15.5×24cm

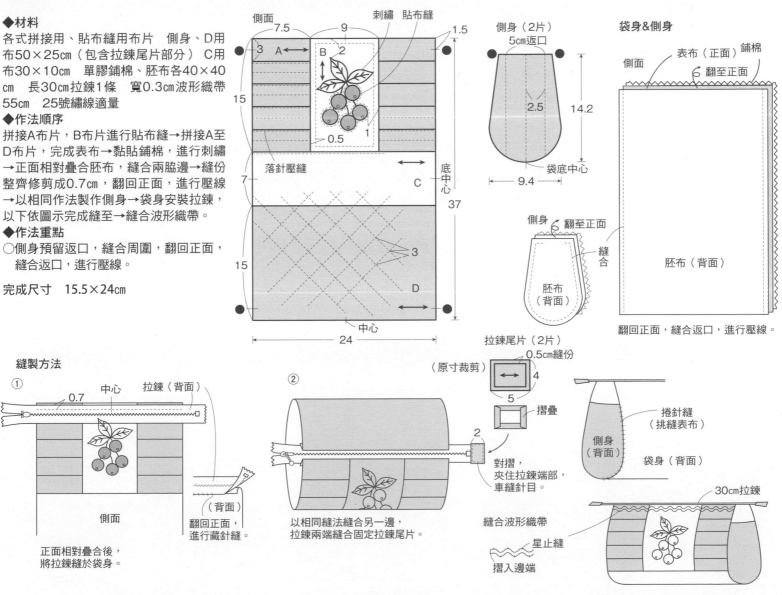

縫製方法

① 正面相對疊合後，將拉鍊縫於袋身。

② 以相同縫法縫合另一邊，拉鍊兩端縫合固定拉鍊尾片。

翻回正面，進行藏針縫。

對摺，夾住拉鍊端部，車縫針目。

縫合波形織帶

星止縫

摺入邊端

30cm拉鍊

◆材料
各式拼接用布片 側身、袋底用布30×20㎝（包含
拉鍊襠片部分） 單膠鋪棉、胚布各50×20㎝ 長20
㎝拉鍊1條

◆作法順序
拼接A與B布片，完成袋身表布→黏貼鋪棉，疊合胚
布，進行壓線→側身→安裝拉鍊，夾入拉鍊襠片後，
與側身進行縫合→側身與袋身正面相對，進行縫
合。

◆作法重點
○縫份處理方法請參照P.83 B（上部角上的側身側，
下部角上的袋身側，分別剪牙口，更容易處理縫
份）。

完成尺寸 7.5×14㎝

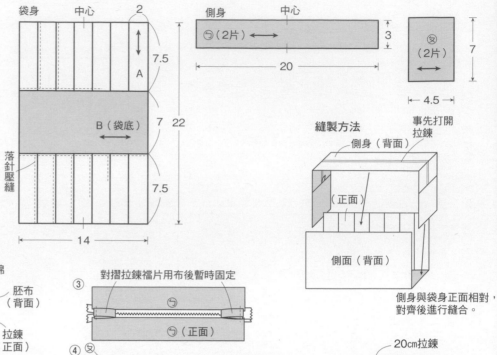

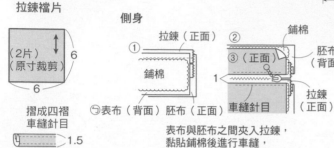

側身與袋身正面相對，
對齊後進行縫合。

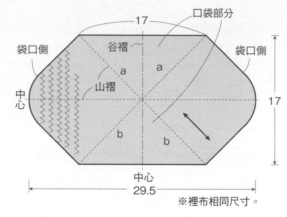

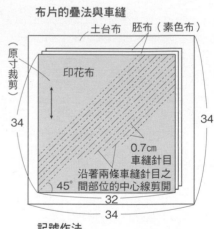

◆材料
印花布35×35㎝ 素色胚布110×35㎝（包含土
台布部分） 裡布30×30㎝ 長20㎝拉鍊1條

◆作法順序
土台布疊合2片素色胚布、1片印花布後車縫針
目，修剪土台布以外部分，完成刷毛拼布※→完
成刷毛拼布後，裁剪本體，正面相對疊合裡布，
進行縫合後，翻回正面→依圖示完成縫製，安裝
拉鍊。

※裁剪後放入洗衣機裡，洗過後以刷子刮刷表
面，促使呈現起毛狀態後進行乾燥。

布片的疊法與車縫

縫製方法

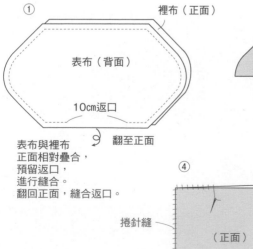

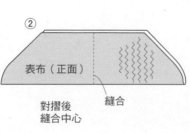

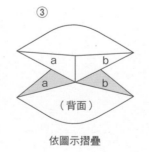

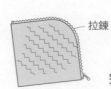

完成尺寸 12×12㎝

◆材料
各式拼接用布片　袋身用布65×35㎝（包含側身、拉鍊尾片、滾邊部分）　裡布60×60㎝（包含前片 後片口袋的胚布、內口袋部分）　鋪棉、胚布各60×40㎝　接著襯50×25㎝　長15㎝、25㎝拉鍊＆長25㎝蕾絲拉鍊各1條　直徑1.3㎝塑膠製手壓四合釦2組

◆作法順序
前片・後片袋身、側身表布，疊合鋪棉與胚布，進行壓線→拼接A至I布片，完成2片前片・後片口袋的表布，其中一片進行貼布縫→製作前片・後片口袋，組裝於袋身→製作內口袋，組裝於裡布→依圖示完成縫製

◆作法重點
○內口袋用布黏貼接著襯。
○曲線部位的縫份事先進行平針縫，調整形狀，更容易縫於側身裡布。

完成尺寸　15.5×24㎝

前片袋身 / 中心 / 後片袋身 / 中心
15cm拉鍊接縫位置　1
蕾絲拉鍊固定位置
前口袋接縫位置
塑膠製手壓四合釦固定位置　17
後片口袋固定位置
1.5　11.5
1.5　11.5
1.5
1.5
袋底中心
24
24
※裡布相同尺寸。
※裡布相同尺寸。

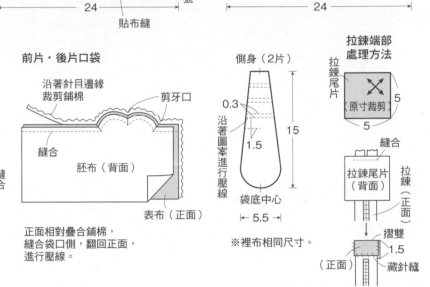

前片口袋　落針壓縫　落針壓縫　1　沿著圖案進行壓線
A		
B	C	D
E	F	B	F
G	G	H	I
13.5　進行藏針縫縫至記號
2
24
貼布縫

後片口袋
B	C		D
E	B	F	F
G	G	H	I
	A		
1.5
1.5
11.5
2
24

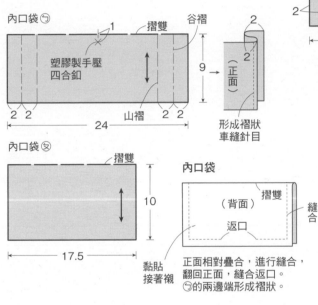

內口袋㋡　摺雙　谷褶　2
塑膠製手壓四合釦　9
（正面）　2　2
2　2　山褶　2　2　24
形成褶狀車縫針目

內口袋㋭　摺雙
10
17.5
黏貼接著襯

內口袋
（背面）摺雙
返口　縫合
正面相對疊合，進行縫合，翻回正面，縫合返口。㋡的兩邊端形成褶狀。

前片・後片口袋
沿著針目邊緣裁剪鋪棉
剪牙口
縫合
胚布（背面）
表布（正面）
正面相對疊合鋪棉，縫合袋口側，翻回正面，進行壓線。

側身（2片）
0.3
1.5　15
沿著圖案進行壓線
袋底中心
5.5
※裡布相同尺寸。

拉鍊端部處理方法
拉鍊尾片
（原寸裁剪）5
5
縫合
拉鍊尾片（背面）
拉鍊（正面）
摺雙　1.5
（正面）藏針縫
拉鍊端部正面相對疊合拉鍊尾片，進行縫合，翻回正面，包覆邊端，進行藏針縫。

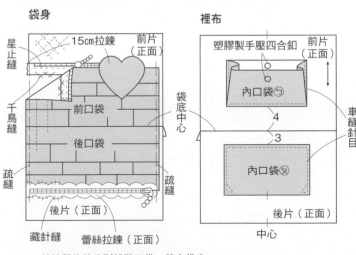

袋身
星止縫　15cm拉鍊　前片（正面）
千鳥縫
前口袋
後口袋
疏縫　疏縫
後片（正面）
藏針縫　蕾絲拉鍊（正面）
前片與後片分別組裝口袋，縫合袋底，口袋的兩脇邊暫時固定於本體袋身。縫份倒向後片側，背面相對疊合本體袋身與裡布，袋底中心縫份進行內綴縫。

裡布
塑膠製手壓四合釦　前片（正面）
內口袋㋡
袋底中心　4　3
內口袋㋭
車縫針目
後片（正面）
中心

縫製方法
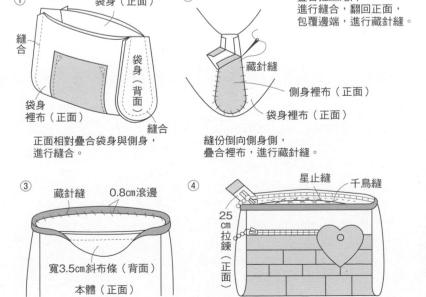

① 袋身（正面）
縫合
袋身（背面）
袋身裡布（正面）
正面相對疊合袋身與側身，進行縫合。

② 藏針縫
側身裡布（正面）
袋身裡布（正面）
縫份倒向側身側，疊合裡布，進行藏針縫。

③ 藏針縫　0.8cm滾邊
寬3.5cm斜布條（背面）
本體（正面）
進行袋口滾邊

④ 星止縫　千鳥縫
25cm拉鍊
（正面）
袋身側的袋口安裝拉鍊

◆材料
相同　各式紙襯用布片　接著襯10×5cm
No.18　前片・後片用台布50×30cm（包含拉鍊尾片部分）　單膠鋪棉、鋪棉、胚布各45×30cm　長30cm拉鍊1條
No.19　前片・後片用台布、單膠鋪棉、胚布各35×25cm　拉鍊尾片10×5cm　長20cm拉鍊1條

◆作法順序
相同　運用紙襯輔助法，拼接A布片，在台布上進行貼布縫，完成前片表布→前片・後片表布黏貼鋪棉後，正面相對，疊合胚布，預留拉鍊安裝位置，進行縫合→翻回正面，進行壓線→安裝拉鍊，依圖示完成縫製。

◆作法重點
○貼布縫下方的台布預留縫份0.5cm後裁剪。

完成尺寸　No.18　13×19.5cm　No.19　12×15cm

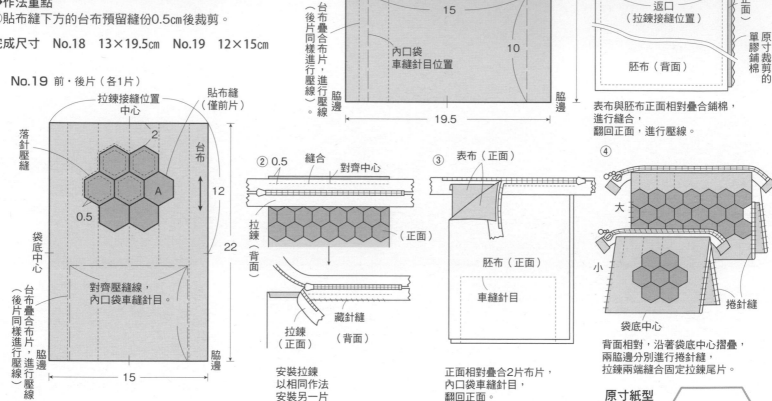

Nu.18
前・後片（各1片）

紙襯輔助法
① （背面）
包覆紙型般，摺疊布片，進行疏縫。
紙型
②
正面相對疊合，進行捲縫，拆掉紙型。
疏縫

縫製方法
①
返口（拉鍊接縫位置）
胚布（背面）
表布（正面）
單膠鋪棉　原寸裁剪的

表布與胚布正面相對疊合鋪棉，進行縫合，翻回正面，進行壓線。

② 0.5　縫合　對齊中心
拉鍊（背面）
（正面）
對齊壓縫線，內口袋車縫針目。
拉鍊（正面）　藏針縫　（背面）

安裝拉鍊　以相同作法　安裝另一片

③ 表布（正面）
胚布（正面）
車縫針目
正面相對疊合2片布片，內口袋車縫針目，翻回正面。

④
大
小
捲針縫
袋底中心
背面相對，沿著袋底中心摺疊，兩脇邊分別進行捲針縫，拉鍊兩端縫合固定拉鍊尾片。

原寸紙型
A
拉鍊尾片
2.7
4
接著襯
0.5
2
2.7 正面 0.5
藏針縫
黏貼接著襯，摺疊周圍的縫份，對摺後，夾入拉鍊邊端，進行藏針縫。

No.19　前・後片（各1片）
2
A
0.5
12
22
15

◆材料
各式拼接用布片　袋底用布15×10cm（包含拉鍊尾片部分）　鋪棉、胚布各35×20cm　長10cm拉鍊1條　直徑0.4cm蠟繩10cm　直徑0.3cm珍珠串珠10顆

◆作法順序
拼接A布片（上部縫至記號），完成袋身表布→袋身與袋底表布正面相對疊合胚布，疊合鋪棉後，進行縫合（沿著縫合針目邊緣修剪鋪棉）→依圖示完成縫製。

完成尺寸　8×14.5cm

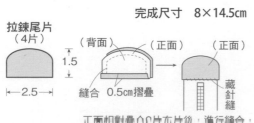

拉鍊尾片（4片）
1.5
2.5
（背面）　（正面）　（正面）
縫合　0.5cm摺疊　藏針縫

正面相對疊合2片布片後，進行縫合，套入拉鍊端部，進行藏針縫。以相同作法處理另一側。

側面　中心　珍珠串珠
0.7
1.5
A
3
線繩固定位置
9
摺雙　脇邊　落針壓縫　脇邊
14.7

袋底　中心
脇邊　脇邊
4
8.4

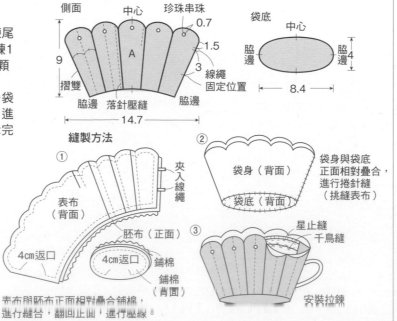

縫製方法
①
表布（背面）
夾入線繩
胚布（正面）
4cm返口
4cm返口
鋪棉（背面）
表布與胚布正面相對疊合鋪棉，進行縫合，翻回正面，進行壓線。

②
袋身（背面）
袋底（背面）
袋身與袋底正面相對疊合，進行捲針縫（挑縫表布）

③
星止縫
千鳥縫
安裝拉鍊

◆材料
各式貼布縫用布片（包含拉鍊尾片、拉鍊裝飾部分）台布45×15cm　A用布45×10cm　袋底用布15×15cm　提把用布35×35cm（包含提把尾片裡布部分）寬3.5cm滾邊用斜布條45cm　鋪棉、胚布各45×45cm　長16cm拉鍊1條　25號白色繡線適量　直徑1.4cm縫式磁釦1組

◆作法順序
在台布上進行A布片貼布縫，完成袋身表布→疊合鋪棉與胚布，進行壓線→袋底也以相同作法進行壓線→正面相對對齊袋身後片中心，進行縫合→正面相對疊合袋身與袋底，進行縫合→進行袋口滾邊→安裝拉鍊→製作提把與端部飾片後組裝固定。

◆作法重點
○縫份的處理方法，後片中心請參照P.83A，袋底請參照P.83B。
○拉鍊尾片、提把、拉鍊裝飾的鋪棉，分別沿著縫合針目邊緣修剪。

安裝拉鍊

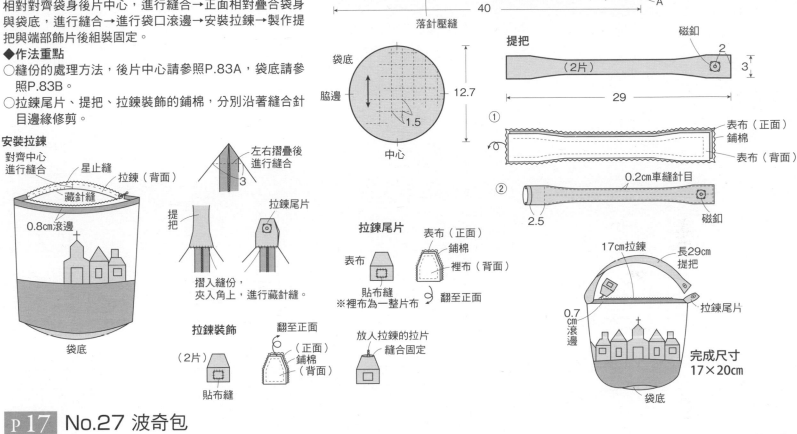

袋身　後中心　脇邊　刺繡　前中心　脇邊　貼布縫
參照圖進行壓線　台布　16.5
落針壓縫　40　1　A

提把　磁釦　2　（2片）　3　29
① 表布（正面）鋪棉　表布（背面）
② 0.2cm車縫針目　2.5　磁釦

袋底　脇邊　中心　12.7　1.5

對齊中心進行縫合　星止縫　拉鍊（背面）　藏針縫　0.8cm滾邊　提把　拉鍊尾片
左右摺疊後進行縫合　3
摺入縫份，夾入角上，進行藏針縫。
袋底

拉鍊尾片　表布　貼布縫　※裡布為一整片布　表布（正面）鋪棉　裡布（背面）　翻至正面

拉鍊裝飾　（2片）　貼布縫　翻至正面　（正面）鋪棉（背面）　放入拉鍊的拉片　縫合固定

17cm拉鍊　長29cm提把　0.7cm滾邊　拉鍊尾片　完成尺寸17×20cm　袋底

P 17 No.27 波奇包

◆材料
各式拼接用布片　鋪棉、胚布25×15cm　長10cm拉鍊1條　寬1.1cm蕾絲15cm

◆作法順序
拼接A、B布片，完成本體表布→疊合鋪棉與胚布，進行壓線→安裝拉鍊→正面相對疊合，縫合2邊（上部夾縫吊環）。

完成尺寸　高10cm

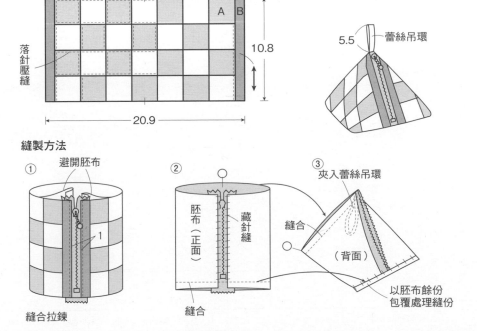

○中心　1　A　B
落針壓縫　10.8　20.9
蕾絲吊環　5.5

縫製方法
① 避開胚布　1　縫合拉鍊
② 胚布（正面）藏針縫　縫合
③ 夾入蕾絲吊環　縫合　（背面）　以胚布餘份包覆處理縫份

原寸紙型
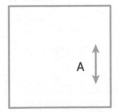
A

◆材料
各式拼接用布片　B至G用布25×15cm　寬3cm滾邊用斜布條50cm　寬3.5cm滾邊用斜布條25cm　鋪棉、胚布各30×20cm　長20cm拉鍊1條

◆作法順序
拼接A部分，接合B至H布片，完成表布→疊合鋪棉與胚布，進行壓線→進行拉鍊口滾邊→安裝拉鍊→製作拉鍊襠片，依圖示完成縫製。

◆作法重點
○將拉鍊邊端縫在裡布上，避免針目出現在表側。

完成尺寸　25.5×8.5cm

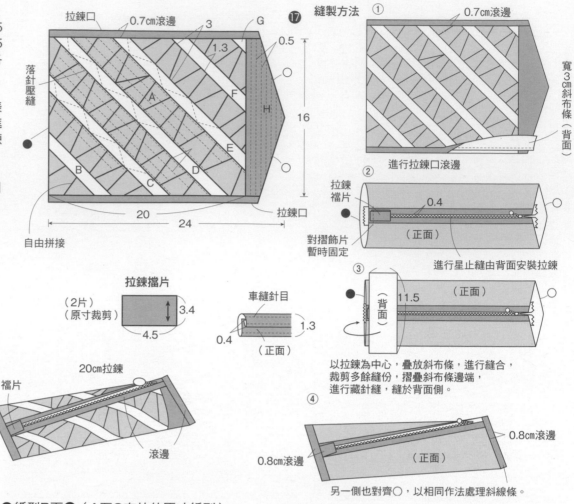

縫製方法

以拉鍊為中心，疊放斜布條，進行縫合，裁剪多餘縫份，摺疊斜布條邊端，進行藏針縫，縫於背面側。

另一側也對齊○，以相同作法處理斜線條。

◆材料
AA'用布30×15cm　B至D、E布片50×30cm（包含拉鍊尾片部分）　鋪棉、胚布各45×30cm　長38cm拉鍊1條　寬0.6cm緞帶15cm

◆作法順序
拼接A至B布片，完成袋身表布→疊合鋪棉與胚布，預留返口，縫合周圍，沿著縫合針目邊緣裁剪鋪棉，翻回正面→縫合返口，進行壓線→側身也以相同作法製作後，與袋身進行縫合→安裝拉鍊。

◆作法重點
○安裝拉鍊時，對齊中心，角上稍微形成曲線。

完成尺寸　8.5×24cm

縫製方法

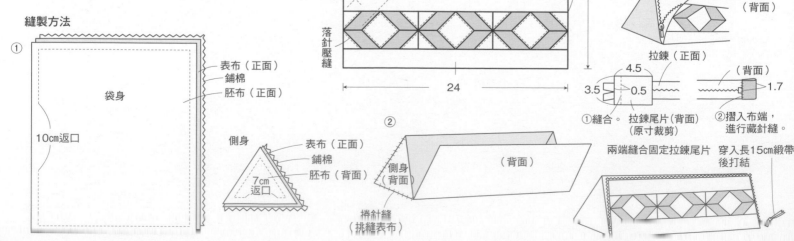

No.30 壁飾 ●紙型B面㉒（圖案的原寸紙型＆A布片的壓線圖案）

◆**材料**

各式拼接用布片　屋頂用布85×15cm　A、C、D用布110×50cm　B用布30×20cm　鋪棉90×95cm　胚布110×95cm（包含寬3cm處理縫份的斜布條部分）寬2.5cm滾邊繩用斜布條、直徑0.3cm線繩各370cm　直徑0.7cm鈕釦1顆　寬0.3cm緞帶15cm　8號繡線、蕾絲各適量

◆**作法順序**

拼接布片，分別完成圖案㋒5片與㋐至㋜各1片後，接縫A、B布片→拼接C、D布片後，接縫屋頂，完成表布→疊合鋪棉、胚布，進行壓線→製作滾邊繩與煙囪→依圖示完成製作。

◆**作法重點**

○圖案㋒縫法請參照P.40。
○進行壓線後，固定本體滾邊繩。
○屋頂壓線與文字刺繡自由進行。

完成尺寸　82.5×81cm

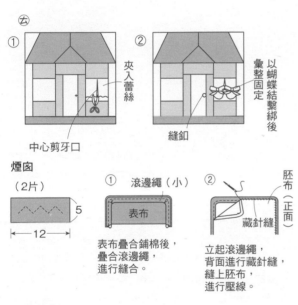

滾邊繩
大（1條）、小（2條）

大315cm
小50cm
（原寸裁剪）
2.5

周圍的處理方法

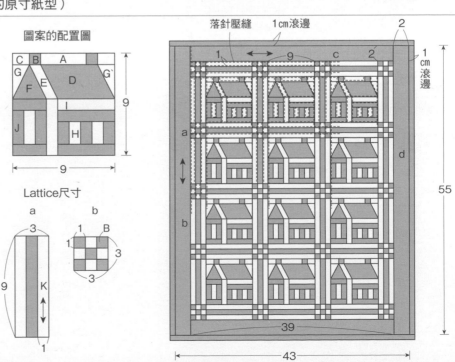

No.32 壁飾 ●紙型B面❺（圖案的原寸紙型）

◆**材料**

藍色素色布60×60cm（包含滾邊部分）　白色素色布60×50cm　鋪棉、胚布各70×60cm

◆**作法順序**

拼接A至J布片，完成12片圖案→接合圖案與a、b布片，周圍接縫c、d布片，完成表布→疊合鋪棉、胚布，進行壓線→進行周圍滾邊。

◆**作法重點**

○圖案縫法請參照P.40。

完成尺寸　57×45cm

圖案的配置圖

Lattice尺寸

刺繡方法（P.29上的壁飾）
纏繩繡

3出　2入
1出
5出　4入

No.31 壁飾 ●紙型B面❺（圖案的原寸紙型＆壓線圖案）

◆材料
白色素色布110×35cm 紅色格紋布
50×55cm 寬3cm滾邊用斜布條175cm 鋪
棉、胚布各45×45cm

◆作法順序
拼接A至J布片，完成9片圖案→接縫圖案與
a、b布片，周圍拼縫c、d布片，完成表布→
疊合鋪棉、胚布，進行壓線→進行周圍滾
邊。

◆作法重點
○進行圖案壓線，距離接縫處0.2cm，穿入
　縫針。
○角上進行畫框式滾邊（請參照P.82）。

完成尺寸　41×41cm

圖案的配置圖

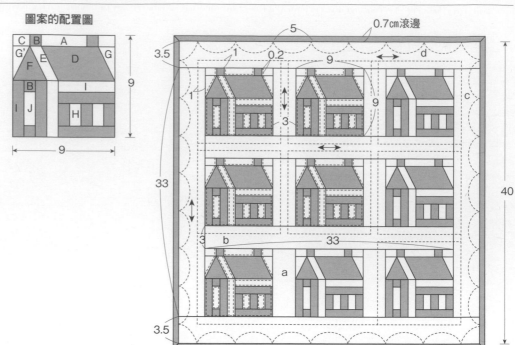

No.35 迷你壁飾

◆材料
各式拼接用布片　寬4.5cm滾邊用布條140cm
鋪棉、胚布各40×40cm　25號繡線適量

◆作法順序
拼接A至G、a、b布片，進行貼布縫、刺繡，完成9
片圖案，拼接成3×3列，完成表布→疊合鋪棉、胚
布，進行壓線→進行周圍滾邊。

◆作法重點
○角上進行畫框式滾邊（請參照P.82）。

完成尺寸　33×33cm

反向貼布縫

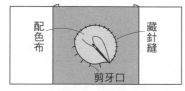

配色布
藏針縫
剪牙口

挖空布片中央，底下疊合配色布，
進行藏針縫。

原寸刺繡圖案

法國結粒繡
（取2條繡線）

直線繡（取2股繡線）

回針繡（取2股繡線）

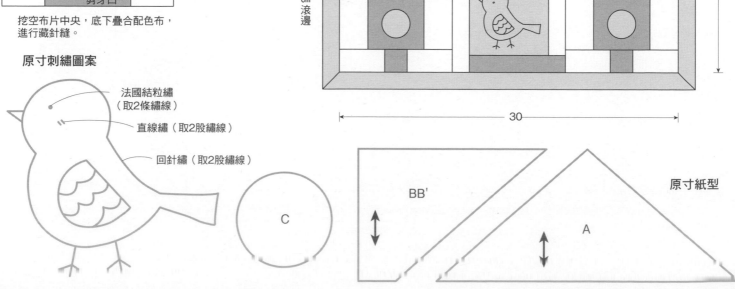

No.33 壁飾 ●紙型A面❶

◆材料
各式拼接用布片 b用布110×130cm（包含寬4cm滾邊用斜布條部分） d、e用布40×260cm

◆作法順序
製作29片「房屋🈩」、3片「房屋🈦」、31片「九拼片的變化形」圖案→拼接a布片，接縫c布片，完成Lattice。接合圖案與Lattice→周圍拼接d至f布片，完成表布→疊合鋪棉與胚布，進行壓線→進行周圍滾邊（請參照P.82，角上進行畫框式滾邊）。

◆作法重點
○一邊觀察整體協調狀態，一邊將房屋[夊]拼接於喜愛的位置。

完成尺寸 174×142cm

圖案的配置圖

房屋🈩（29片） 房屋🈦（3片）

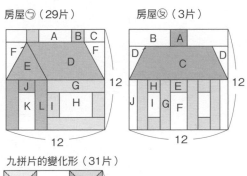

九拼片的變化形（31片）

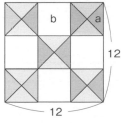

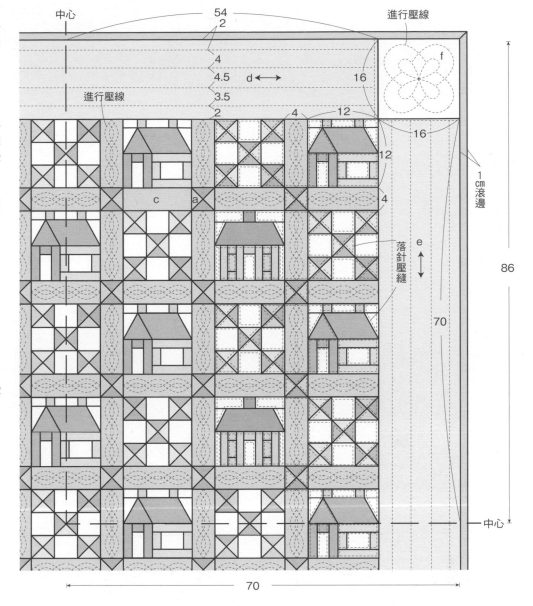

No.67 嫩草色小地毯 ●紙型B面㉑（C、D布片的原寸紙型＆壓線圖案）

◆材料
各式拼接用、繩子用布片 C用布80×30cm E、F用布20×80cm G、H用布80×80cm（包括寬4cm滾邊用斜布條部分） 鋪棉、胚布各55×140cm

◆作法順序
分別拼接A至B'布片完成8片圖案，拼接C、D布片完成7片圖案→接合圖案與圖案→圖案周圍接縫A、E與F布片→上下左右依序接合G、H邊飾，完成表布→疊合鋪棉與胚布，進行壓線→進行周圍滾邊（請參照P.82，角上進行畫框式滾邊）。

完成尺寸 72×102cm

原寸紙型

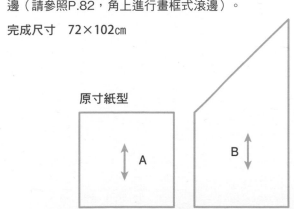

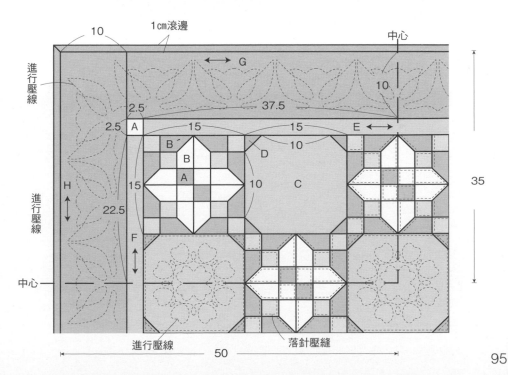

◆材料

各式拼接用、貼布縫用布片　本體表布55×80㎝（包含拼接部分）　鋪棉、胚布各80×80㎝　寬4㎝滾邊用斜布條450㎝　葉子用印花布、薄鋪棉、並太毛線、25號繡線各適量

◆作法順序

進行拼接、貼布縫，完成口袋㋑至㋩的表布→口袋表布疊合鋪棉、胚布，進行壓線→進行周圍滾邊→本體表布背面疊合鋪棉、胚布，進行壓線→進行周圍滾邊→將口袋疊在本體的組裝位置，預留口袋口，周圍進行藏針縫→製作葉子與莖部主題圖案，縫合固定於本體。

◆作法重點

○本體與各個口袋的角上進行畫框式滾邊（請參照P.82）。

完成尺寸　51×51㎝

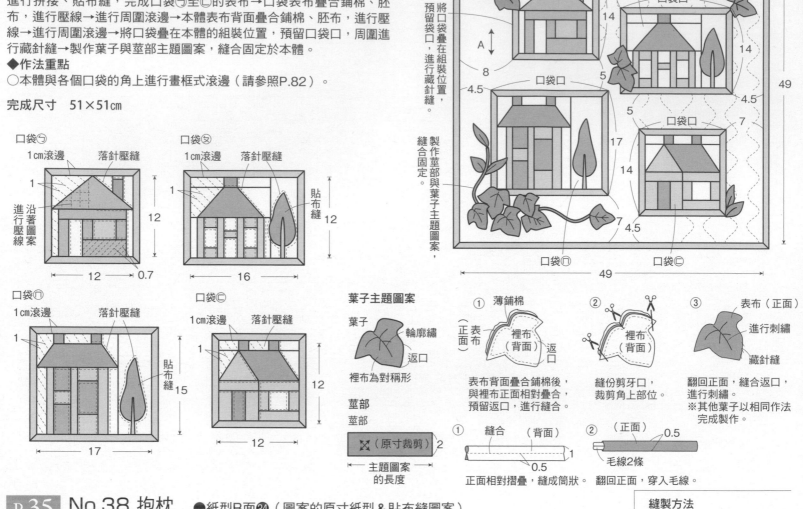

葉子主題圖案

葉子　輪廓繡
裡布（背面）　返口
裡布為對稱形

莖部

⊠（原寸裁剪）2
←主題圖案的長度→

① 薄鋪棉
正面　表布
裡布（背面）　返口
表布背面疊合鋪棉後，與裡布正面相對疊合，預留返口，進行縫合。

② 裡布（背面）　返口
縫份剪牙口，裁剪角上部位。

③ 表布（正面）
進行刺繡
藏針縫
翻回正面，縫合返口，進行刺繡。
※其他葉子以相同作法完成製作。

① 縫合（背面）
0.5　1　0.5
正面相對摺疊，縫成筒狀。

② （正面）0.5
毛線2條
翻回正面，穿入毛線。

◆材料

各式拼接用、貼布縫用布片　前片・後片用布100×60㎝　鋪棉、胚布各45×45㎝　寬4㎝處理縫份的斜布條、寬3㎝滾邊繩用斜布條各170㎝　長35㎝拉鍊1條　並太毛線適量

◆作法順序

進行拼接、貼布縫，完成「房屋」圖案→挖空前片圖案組裝位置，疊合圖案，進行藏針縫→疊合鋪棉、胚布，進行壓線→製作滾邊繩，沿著前片周圍暫時固定→製作後片→前片與後片正面相對疊合，進行縫合→以處理縫份用斜布條，進行縫份包邊。

◆作法重點

○由前片表布背面疊合圖案後，一邊摺入前片表布的縫份，一邊進行藏針縫。

完成尺寸　40×40㎝

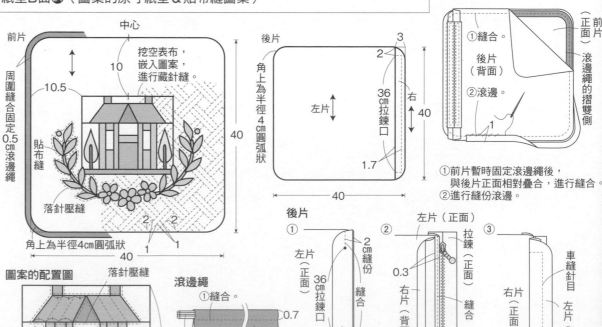

縫製方法

① 縫合。
② 滾邊。
後片（背面）
前片（正面）
滾邊繩的摺雙側

①前片暫時固定滾邊繩後，與後片正面相對疊合，進行縫合。
②進行縫份滾邊。

滾邊繩

① 縫合 0.7
② 穿入8條毛線。原寸裁剪寬3㎝斜布條（正面）

後片

左片（正面）
2㎝縫份
縫合
右片（背面）

拉鍊
左片（正面）
0.3
右片（正面）
縫合

車縫針目
左片（正面）
右片翻回正面後，縫合固定拉鍊。

◆材料

手提袋　各式拼接用布片　後片用布50×35cm（包含Q至S部分）　提把用布35×25cm（包含裡側貼邊部分）　單膠鋪棉、裡袋用布各55×35cm　直徑1.2cm磁釦1組　寬0.3cm波形織帶25cm　接著襯適量

波奇包　各式拼接用布片　後片用布20×15cm　寬4cm滾邊用斜布條40cm（包含拉鍊尾片部分）　鋪棉、胚布各30×20cm　長16cm拉鍊1條　直徑1.7cm裝飾釦1顆

◆作法順序

手提袋　拼接A至P布片，完成圖案，接縫Q至S布片→縫合後片，完成表布→黏貼鋪棉，進行壓線→固定織帶→製作提把→製作裡袋→依圖示完成縫製。

波奇包　拼接A至L、T布片，縫合後片，完成表布→黏貼鋪棉，進行壓線→依圖示完成縫製。

◆作法重點

○安裝手提袋的磁釦，裡側貼邊背面的磁釦固定位置，先黏貼接著襯，再固定磁釦。

○波奇包胚布的脇邊部分多預留縫份。

手提袋

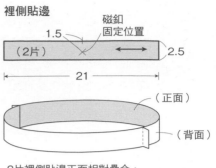

提把接縫位置　中心　4　4
2
S　10
織帶
落針壓縫　Q　0.5　4　Q　12
2.5　12　R　2.5
49
袋底中心
2
後片　24.5
脇邊　21　脇邊

裡側貼邊

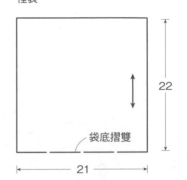

磁釦固定位置
1.5
（2片）　2.5
21
（正面）
（背面）

2片裡側貼邊正面相對疊合，縫合兩脇邊。

裡袋

22
袋底摺雙
21

圖案的配置圖

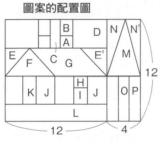

B　D　N　N'
A
E　C　E'　M
F　G
K　J　H　I　J　O　P
L
12　4　12

提把

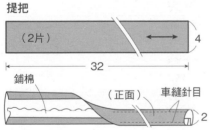

（2片）　4
32
鋪棉
（正面）　車縫針目　2

其中一面黏貼原寸裁剪的鋪棉，背面相對對摺，摺入縫份，車縫針目。

縫製方法

①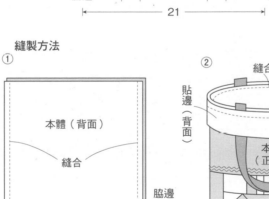

本體（背面）
縫合
摺雙

正面相對，由袋底中心對摺，縫合脇邊，縫合側身。
※裡袋也以相同作法完成製作。

脇邊　4.5　縫合

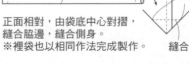

②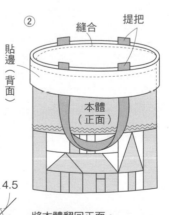

縫合　提把
貼邊（背面）
本體（正面）

將本體翻回正面，暫時固定提把，正面相對疊合裡側貼邊，縫合於袋口。

③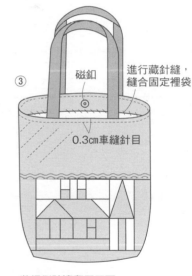

磁釦
進行藏針縫，縫合固定裡袋。
0.3cm車縫針目

將裡側貼邊翻回正面，固定磁釦，將裡袋放入內側，進行藏針縫，縫於裡側貼邊，袋口車縫針目。
※側身縫份進行內綴縫。

波奇包

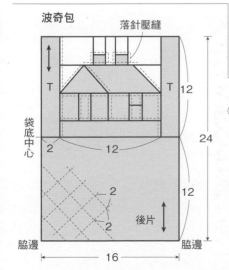

落針壓縫
T　T　12
袋底中心　2　12
2　2　2　12
後片
脇邊　16　脇邊
24

縫製方法

①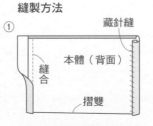

藏針縫
本體（背面）
縫合
摺雙

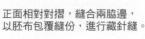

正面相對對摺，縫合兩脇邊，以胚布包覆縫份，進行藏針縫。

②

藏針縫　1cm滾邊
4cm斜布條（背面）
本體（正面）

進行袋口滾邊

③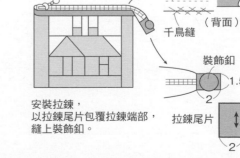

星止縫　拉鍊（背面）
（背面）
千鳥縫
裝飾釦　1.5
拉鍊尾片　3　2

安裝拉鍊，以拉鍊尾片包覆拉鍊端部，縫上裝飾釦。

◆材料

各式拼接用、貼布縫用布片　寬3.5㎝滾邊用布條195㎝　鋪棉、胚布各50×50㎝　直徑1.2㎝包釦13顆　直徑1.4㎝包釦9顆　直徑2.3㎝包釦5顆　棉花、25號茶色繡線各適量

◆作法順序

圖案⊙、⊙'各2片，進行拼接後，接縫a～f布片，彙整完成表布→疊合鋪棉、胚布，進行壓線→進行屋頂刺繡，縫包釦→周圍上下左右依序進行滾邊。

◆作法重點

○天空、白雪部分塞入少量棉花，微微地鼓起顯得更立體。

○進行刺繡時，挑縫至鋪棉。

○包釦作法請參照P.86。

完成尺寸　46.5×46.5㎝

圖案⊙⊙'的配置圖

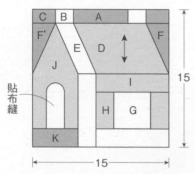

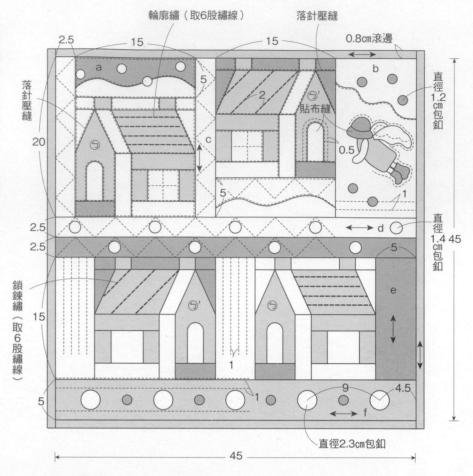

◆材料

各式拼接用布片　鋪棉、胚布各20×15㎝　2L版畫框（內尺寸17×12㎝）古典風掛鉤3個

◆作法順序

分別拼接A至J、K至P'布片，製作房屋與樹木區塊，進行接合，完成表布→疊合鋪棉、胚布，進行壓線→嵌入畫框→畫框下邊黏貼掛鉤。

完成尺寸　內尺寸12×17㎝

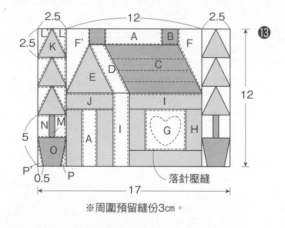

※周圍預留縫份3cm。

周圍處理方法

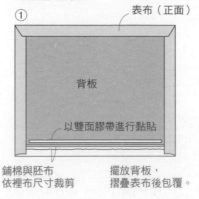

① 表布（正面）
背板
以雙面膠帶進行黏貼
鋪棉與胚布依裡布尺寸裁剪
擺放背板，摺疊表布後包覆

② 掛鉤
嵌入畫框，以白膠黏貼掛鉤。

No.28 迷你壁飾 ●紙型A面⑫（A至N'布片的原寸紙型＆壓線圖案）

◆材料
各式拼接用布片　O、P用布片25×35cm　鋪棉、胚布各
35×35cm　寬3cm滾邊用斜布條250cm　直徑0.4cm切割珠
2顆　直徑0.5cm亮片8顆　直徑0.3cm六角形串珠、小圓
珠、大圓珠、長0.3cm竹珠各適量

◆作法順序
製作4種圖案，進行拼接→左右上下接縫O與P布片，完成
表布→背面疊合鋪棉與胚布，進行壓線→進行周圍滾邊→
縫上各式串珠。

完成尺寸　33.5×31.5cm

圖案⊗縫份倒向

圖案Ⓒ縫份倒向

圖案∏縫份倒向

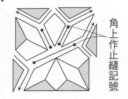
箭頭為縫份倒向

角上作止縫記號

圖案Ⓢ縫法
參照P.76

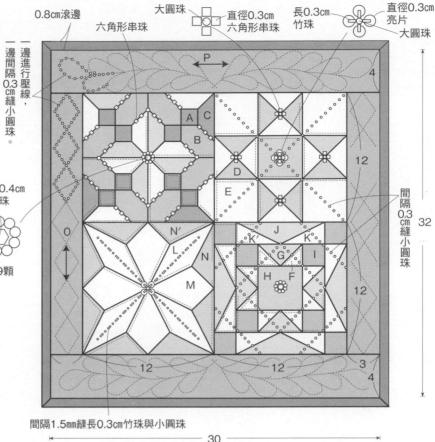

0.8cm滾邊
六角形串珠
大圓珠
直徑0.3cm
六角形串珠
長0.3cm
竹珠
直徑0.3cm
亮片
大圓珠

一邊進行壓線，
一邊間隔0.3cm縫小圓珠。

直徑0.4cm
切割珠

大圓珠9顆

間隔0.3cm縫小圓珠

間隔1.5mm縫長0.3cm竹珠與小圓珠

No.29 手提袋

◆材料
各式拼接用布片　D用布30×40cm
（包含C、F部分）　E用布40×20
cm（包含C、G部分）　裡袋用布
25×40cm　單膠鋪棉25×50cm
直徑0.8cm亮片8片　直徑0.6cm串
珠1顆　直徑0.4cm亮片16片　大
圓珠146顆　長0.6cm竹珠32
顆　夾式皮革提把1組

◆作法順序
製作4個圖案→接縫圖案與D至G布
片，完成本體表布→表布背面黏貼
鋪棉→依圖示完成縫製。

◆作法重點
○圖案接縫方法請參照P.76。

原寸紙型

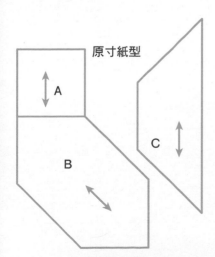

本體
貼邊
袋口摺線

縫製方法

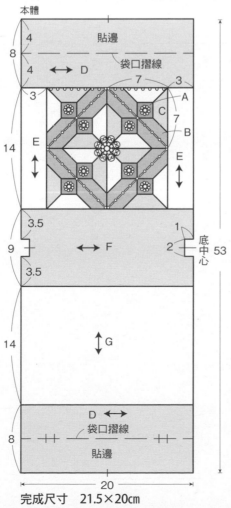

拼接布片完成本體表布後，
背面黏貼原寸裁剪，
不含裡側貼邊份的鋪棉，
正面相對疊合，縫合袋口，
將裡袋接縫成圈。
重新由袋底中心摺疊後，
縫合兩脇邊。

完成尺寸　21.5×20cm

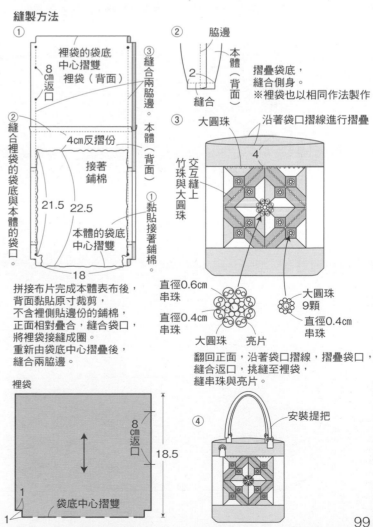

安裝提把

99

No.44 壁飾 ●紙型A面⑮（⊗⋂⊡、C、D的原寸紙型＆壓線圖案）

◆材料
各式拼接用布片 ⊖用聖誕圖案印花布30×30cm共
5種 D、E用白色印花布110×100cm（包含⊗⋂⊡
與A・B拼接部分） 鋪棉、胚布各100×145cm 寬4
cm滾邊用斜布條450cm

◆作法順序
拼接布片完成⊗⋂⊡圖案，接縫⊖布片→拼接A至E
布片，完成表布→疊合鋪棉、胚布，進行壓線→進行
滾邊處理周圍。

◆作法重點
○角上進行畫框式包邊（請參照P.82）。
○以幾種布片拼接完成滾邊用斜布條亦可。

完成尺寸 110×110cm

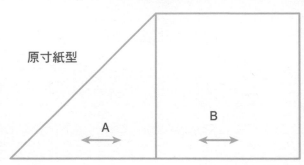

原寸紙型

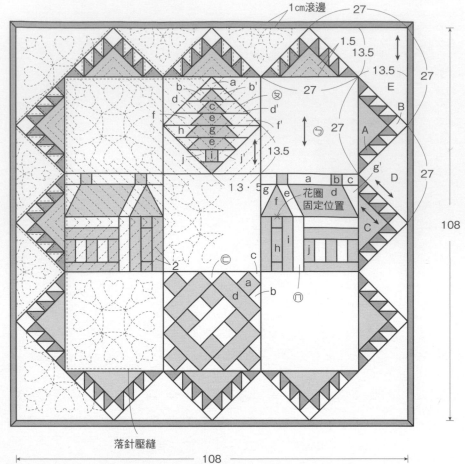

1cm滾邊
27
1.5
13.5
13.5
27
27
27
27
108
108
落針壓縫

No.45 迷你手提袋 ●紙型B面❸

◆材料
各式拼接用、貼布縫用布片 前片・後片用
淺綠水玉圖案印花布40×40cm（包含口袋
部分） 鋪棉、胚布各45×40cm 長36cm
拉鍊1組 寬3cm緞帶造型鈕釦。

◆作法順序
拼接布片完成前片表布→疊合鋪棉、胚布，
進行壓線→後片也以相同作法進行壓線→製
作口袋，進行藏針縫，縫於後片→參照圖示
完成縫製。

◆作法重點
○沿著縫合針目邊緣，裁剪口袋周圍的多餘
鋪棉。

完成尺寸 21×18cm

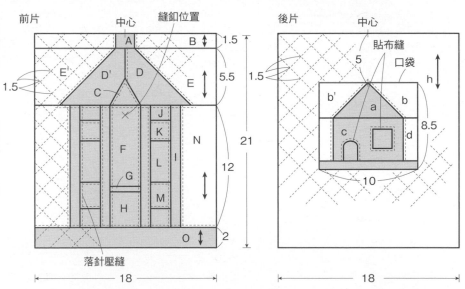

前片 中心 縫釦位置 後片 中心
貼布縫
1.5
5
口袋
1.5
5.5
1.5
h
8.5
21
12
10
2
落針壓縫
18
18

提把

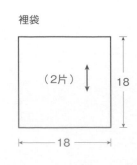
裡袋
（2片）
18
18

貼邊
（2片）
18
（2片）
（正面）
（背面）
正面相對，接合成圈。
燙開縫份

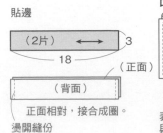
口袋
表布
胚布
（背面）
鋪棉
5cm返口
表布疊合鋪棉後，
與胚布正面相對疊合，
縫合周圍。

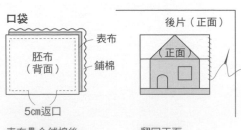
後片（正面）
正面
翻回正面，
縫合返口，
在後片進行藏針縫。

◆材料

各式拼接用布片 F、H用茶色先染布80×35cm（包含滾邊部分） 鋪棉、胚布各80×35cm 裡袋用布60×35cm 長28cm拉鍊1條 寬0.4cm波形織帶65cm 直徑1cm縫式磁釦1組 長44cm皮革提把1組

◆作法順序

拼接A至E'布片，完成口袋表布，拼接A、H布片，完成本體表布→疊合鋪棉、胚布，進行壓線→參照圖，製作口袋，縫磁釦→將口袋疊在本體上，縫合袋底、隔層→參照圖示完成縫製，安裝提把。

◆作法重點

○裡袋為一整片相同尺寸布料裁成。

完成尺寸　24.5×30cm

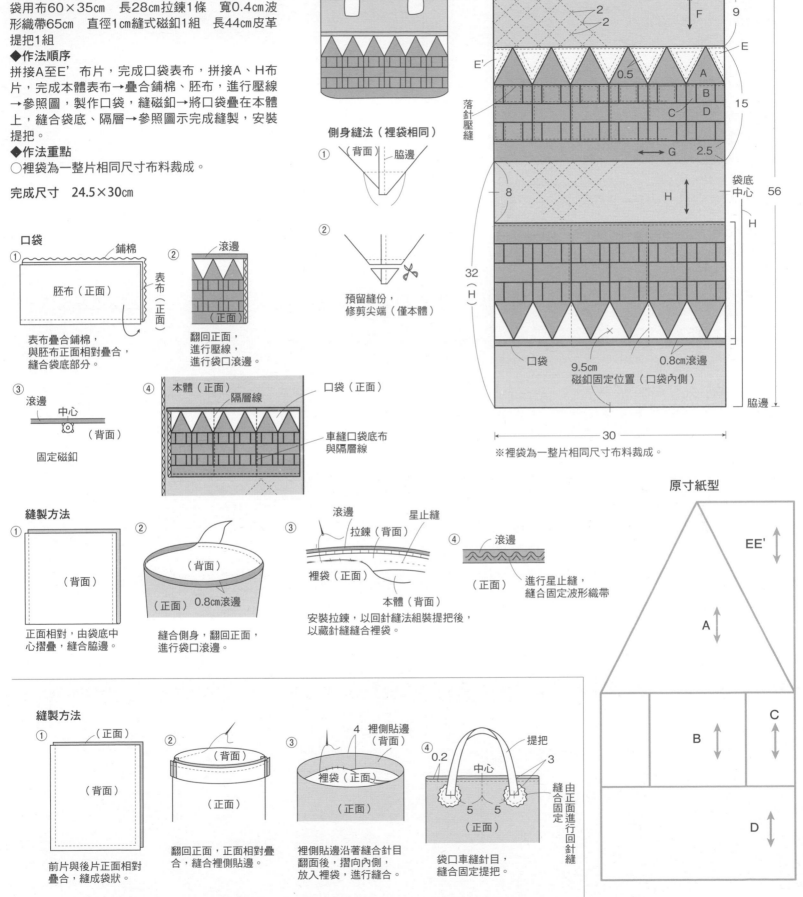

※裡袋為一整片相同尺寸布料裁成。

原寸紙型

◆材料

抱枕　身體用布45×75cm（包含耳朵後片部分）臉部用布45×35cm（包含前腳・後腳、耳朵裡布、尾巴部分）抱枕心用布45×60cm　內耳用布10×20cm　臉頰用布5×10cm　眼睛用布直徑1cm　有腳鈕釦2顆　長30cm拉鍊1條　棉花180g　直徑0.1cm蠟繩、25號繡線、灰色繡線各適量

抱枕套　各式貼布縫用布　表布、裡布、單膠鋪棉各25×35cm　25號繡線各適量

抱枕A　摺鶴用布10×10cm　繩飾用布5×10cm　直徑0.25人造絲質線繩125cm　直徑0.6cm鈴鐺1個

抱枕B　荷葉邊用布5×190cm　直徑0.25cm人造絲質線繩35cm　直徑0.6cm鈴鐺2個

◆作法順序

抱枕　製作耳朵、手、腳、尾巴→進行藏針縫，身體縫上臉部與臉頰，製作本體表布→依圖示完成縫製。

抱枕套　進行貼布縫、刺繡，完成表布→表布背面黏貼接著襯後，與裡布正面相對疊合，進行縫合（抱枕套B製作荷葉邊，夾入表布與裡布之間）→翻回正面，縫合返口，進行壓線→縫合固定人造絲質線繩。

◆作法重點

○正片相對疊合2片抱枕心用布，預留返口約10cm，進行縫合，完成抱枕心。翻回正面，塞入180g棉花，縫合返口，完成抱枕。

○除了指定之外，取2條或3股繡線，自由刺繡。

完成尺寸　抱枕　27×39cm
　　　　　抱枕套　31×18cm

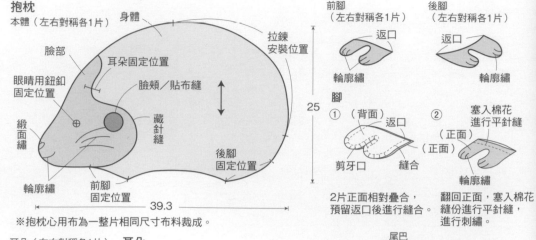

抱枕
本體（左右對稱各1片）
身體
臉部
耳朵固定位置
眼睛用鈕釦固定位置
臉頰／貼布縫
緞面繡
藏針縫
輪廓繡
前腳固定位置
後腳固定位置
拉鍊安裝位置
25
39.3
※抱枕心用布為一整片相同尺寸布料裁成。

前腳（左右對稱各1片）
返口
輪廓繡

後腳（左右對稱各1片）
返口
輪廓繡

腳
①（背面）返口
剪牙口　縫合
2片正面相對疊合，預留返口後進行縫合。

②塞入棉花進行平針縫（正面）
翻回正面，塞入棉花縫份進行平針縫，進行刺繡。

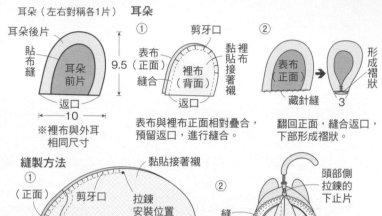

耳朵（左右對稱各1片）
耳朵後片
貼布縫
耳朵前片
返口
9.5
10
※裡布與外耳相同尺寸

耳朵
①剪牙口　表布（正面）縫合　裡布（背面）黏貼接著襯　返口
表布與裡布正面相對疊合，預留返口，進行縫合。

②表布（正面）藏針縫　形成褶狀　3
翻回正面，縫合返口，下部形成褶狀。

尾巴
（原寸裁剪）4　18

尾巴
①摺雙　1.5（背面）返口
縫成曲線狀
正面相對摺疊，預留返口後進行縫合。

②塞入棉花（正面）進行平針縫　插入蠟繩的尾端
翻回正面，返口進行平針縫，塞入棉花，穿入蠟繩端部，收緊縫合。

縫製方法
①（正面）剪牙口　黏貼接著襯　拉鍊安裝位置（背面）縫合　前腳　後腳
2片表布背面黏貼接著襯後，正面相對疊合，夾入前腳與後腳，預留拉鍊安裝位置，進行縫合。

②黏貼接著襯　頭部側拉鍊的下止片　縫合　拉鍊（正面）
將本體翻回正面，摺疊拉鍊安裝位置的縫份，縫合固定拉鍊。

③縫上眼睛與耳朵（正面）
進行刺繡
本體翻回正面後，將耳朵與眼睛縫在指定位置，進行刺繡，繡上鬍鬚、鼻子、嘴巴。

抱枕套A
本體
10cm返口
自由地進行壓線
人造絲線繩固定位置
落針壓縫
輪廓線
31
2列鎖鍊繡
中心
鈴鐺　繩飾　輪廓繡　緞面繡　貼布縫
18.2
※裡布相同尺寸

抱枕套B
本體
10cm返口
自由進行壓線
荷葉邊接縫位置
落針壓縫
貼布縫
中心
縫住
打蝴蝶結後
人造絲線繩
8字結粒繡（取6股繡線）
輪廓線
線繩端部加上鈴鐺
18.2
※裡布同寸

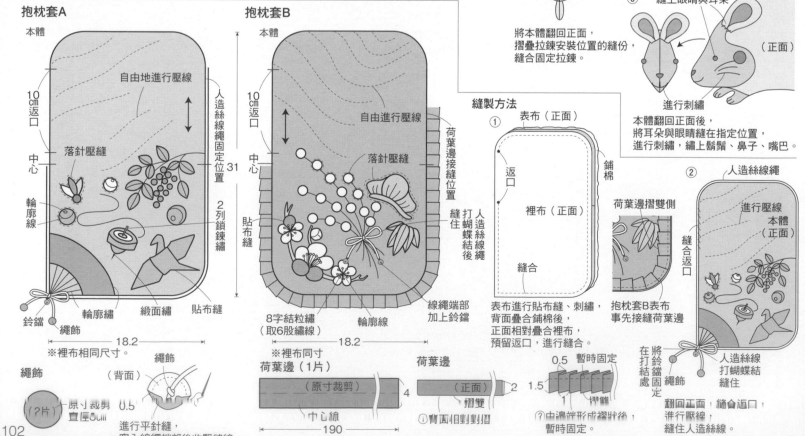

縫製方法
①表布（正面）
返口　鋪棉
裡布（正面）
縫合
表布進行貼布縫、刺繡，背面疊合鋪棉後，正面相對疊合裡布，預留返口，進行縫合。

荷葉邊摺雙側
荷葉邊（1片）
（原寸裁剪）4
中心線　190

荷葉邊
（正面）2　1.5
摺雙
①背面相對對摺

0.5　暫時固定
1　摺縫
②由邊端形成褶狀後，暫時固定。

②進行壓線　本體（正面）
人造絲線繩
將打結處固定　縫合返口
在打鈴鐺結處固定　將人造絲線打蝴蝶結縫住
繩飾
翻回正面，縫合返口，進行壓線，縫住人造絲線。

繩飾
（12片）原寸裁剪　直徑5cm
0.5（背面）
進行平針縫，穿入線繩端部後收緊縫合。

◆材料
各式拼接用、貼布縫用布片　M用布100×15cm
J至L、N用布110×170cm（使用和服布時34×490
cm）寬4cm滾邊用斜布條2種各適量

◆作法順序
以紙樣拼接法完成圖案㋑與㋦→G與H布片進行貼
布縫後，接縫圖案，完成區塊→接縫J至N，H與邊
飾進行貼布縫，完成表布→疊合鋪棉與胚布，進行
壓線、刺繡（挑縫至胚布）→進行周圍滾邊（請參
照P.82，角上進行畫框式包邊）。

◆作法重點
○依喜好決定長度，以兩種布片交互拼接，完成滾
　邊用斜布條。

區塊的配置圖
㋑（55片）　　㋦（10片）

區塊的配置圖
（7片）　　（2片）

紙樣拼接法

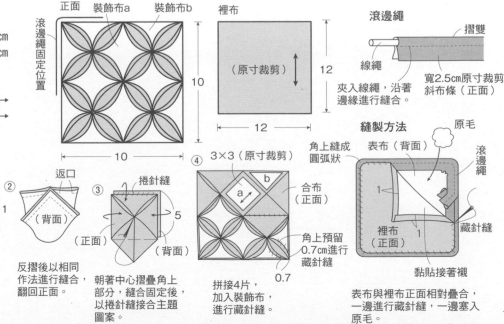

土台布描畫圖案後，疊合1，
正面相對疊合2，進行縫合，翻回正面，
依照號碼順序重複以上步驟。

完成尺寸　156×123cm

1cm滾邊　45.5　中心
3.5
M
K
7
38.5
2.5
21
J
77
66.5
L
0.6
貼布縫
落針壓縫
回針縫
I　H
貼布縫
N
中心
5
15　7　21　7
60.5

P 62　No.58 針插

◆材料
台布60×15cm（包含裡布部分）裝飾布35×35cm
（包含滾邊繩部分）薄接著襯12×12cm　直徑0.3cm
線繩45cm　原毛20g

◆作法順序
製作4片「教堂之窗」主題圖案，拼接成2×2列→
疊放裝飾布，進行藏針縫→周圍暫時固定滾邊繩→
依圖示完成縫製。

原寸紙型

主題圖案

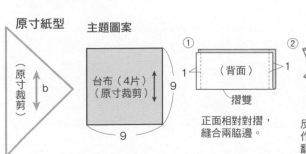

正面　裝飾布a　裝飾布b　裡布　滾邊繩
滾邊繩固定位置
10　12　摺雙　線繩
寬2.5cm原寸裁剪
斜布條（正面）
夾入線繩，沿著
邊緣進行縫合。
12
10
（原寸裁剪）

縫製方法

台布（4片）
（原寸裁剪）
b
9
9

① （背面）
正面相對對摺，
縫合兩脇邊。

② 返口
（背面）
反摺後以相同
作法進行縫合，
翻回正面。

③ 捲針縫
（正面）
（背面）
朝著中心摺疊角上
部分，縫合固定後，
以捲針縫接合主題
圖案。

④ 3×3（原寸裁剪）
a
b
5
合布（正面）
角上預留
0.7cm進行
藏針縫
0.7
拼接4片，
加入裝飾布，
進行藏針縫。

角上縫成
圓弧狀
原毛
表布（背面）
滾邊繩
裡布（正面）
藏針縫
黏貼接著襯
表布與裡布正面相對疊合，
一邊進行藏針縫，一邊塞入
原毛。

No.2 肩背包　●紙型A面⓾

◆材料
各式貼布縫用布片　綠色格紋布70×50cm
（包含拉鍊尾片、側身部分）水藍色印花布
55×55cm（包含袋口布部分）鋪棉、胚布、
裡袋用布各70×40cm　肩背帶、寬3.8cm吊
耳用尼龍織帶135cm　內尺寸4cm方形環、日
形環各1個　直徑0.4cm切割珠14顆　長30cm
拉鍊1條　接著襯15×25cm、25號繡線各適
量

◆作法順序
製作14片主題圖案→拼接A布片，進行貼布
縫，接縫主題圖案，完成前片表布→後片拼
接A布片→疊合鋪棉與胚布，進行壓線→側身
也以相同作法進行壓線→製作袋口布，參照
圖示完成縫製，縫上串珠。

◆作法重點
○裡袋與本體為一整片相同尺寸布料裁成，
　預留返口，和本體一樣，以相同方法進行
　縫合。
○拼接A布片部分進行貼布縫，接縫主題圖
　案，完成前片。

完成尺寸　20×25cm

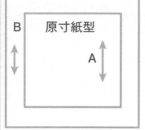

原寸紙型　B　A

肩背包A相同

袋口布

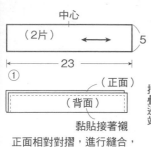

（2片）
中心
23
5
①（正面）（背面）
黏貼接著襯
正面相對對摺，進行縫合，
翻回正面。

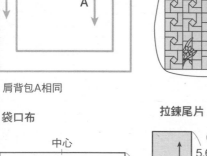

拉鍊尾片
5.6
5.6
①對摺後進行縫合
②翻至正面
③
②（正面）0.3　1.5
摺疊邊端
車縫針目　0.1　拉鍊（正面）
由背面側疊合拉鍊後，車縫針目，
以拉鍊尾片夾住其中一側端部。

主題圖案
土台布
14片　5
5

表布
B
3.5
3.5

①
表布（正面）
土台布（正面）②
沿著布片A的接縫處進行摺疊
調整形成褶狀部分事先整燙出漂亮形狀

主題圖案（正面）
土台布（背面）

表布形成四處褶狀部分後，疊在土台布上，進行疏縫。

圖案正面相對疊合，進行拼接。

接縫成圈翻向背面
拉鍊（背面）
0.3
將②的縫合針目調到背面側
夾入拉鍊端部後車縫針目

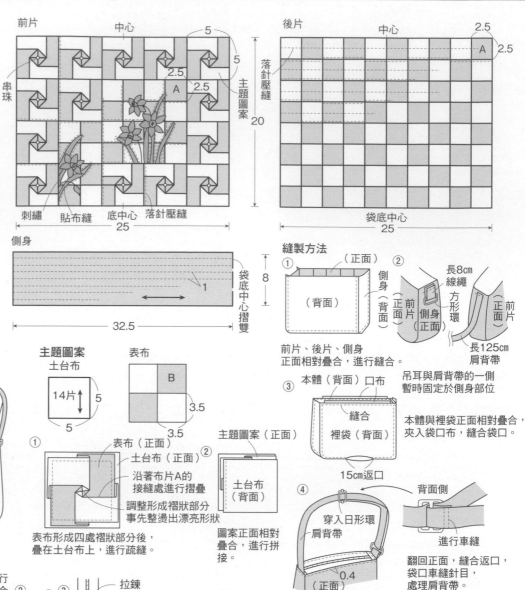

前片　中心　5　2.5　2.5　A
串珠　刺繡　貼布縫　底中心　落針壓縫
主題圖案　20　25

後片　中心　2.5　2.5　A
落針壓縫　20
袋底中心　25

側身
1
32.5　8
袋底中心摺雙

縫製方法
①（正面）（背面）側身（正面）（背面）
②側身（背面）前片（正面）側身（正面）前片（正面）
長8cm線繩　方形環
長125cm肩背帶
前片、後片、側身正面相對疊合，進行縫合。
吊耳與肩背帶的一側暫時固定於側身部位

③本體（背面）口布　縫合　裡袋（背面）
本體與裡袋正面相對疊合，夾入袋口布，縫合袋口。

15cm返口

④穿入日形環　肩背帶
0.4（正面）

背面側
進行車縫
翻回正面，縫合返口，袋口車縫針目，處理肩背帶。

No.1 壁飾　●紙型A面⓰（原寸紙型&貼布縫圖案）

◆材料
各式貼布縫用布片　紅色印花布55×35cm　綠色印花布100×35cm
（包含滾邊部分）B用布45×40cm　鋪棉、胚布各60×55cm、25號繡
線適量

◆作法順序
B布片進行貼布縫與刺繡（葉脈除外）→拼接4片A布片，完成26片四拼
片區塊，接縫於B布片周圍，完成表布→疊合鋪棉與胚布，進行壓線→
進行葉脈刺繡→進行周圍滾邊（請參照P.82，角上進行畫框式包邊）。

◆作法重點
○刺繡紅果金粟蘭圖案，使用橘色系段染線。

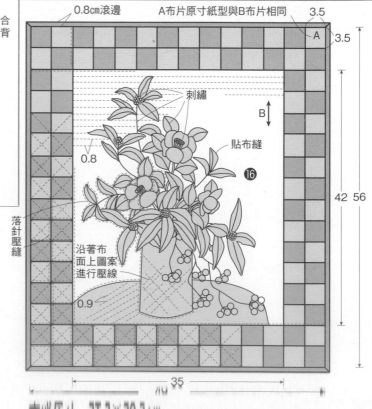

0.8cm滾邊　A布片原寸紙型與B布片相同　3.5
A　3.5
刺繡
B
貼布縫
⓰
0.8
落針壓縫
沿著布面上圖案進行壓線
0.9
42　56
35
完成尺寸　57.5×58.5cm

◆材料
各式裝飾用布片　台布70×70cm　鋪棉
50×50cm　寬1.5cm布條35cm　42cm附
木環提把1組

◆作法順序
製作25個主題圖案→箭頭指示部分以捲
針縫法進行縫合，完成袋形→依圖示完
成製作。

◆作法重點
○主題圖案的★記號部分不接縫其他主
　題圖案，後續步驟中對摺，以捲針縫
　進行縫合。

完成尺寸　26×24.5cm

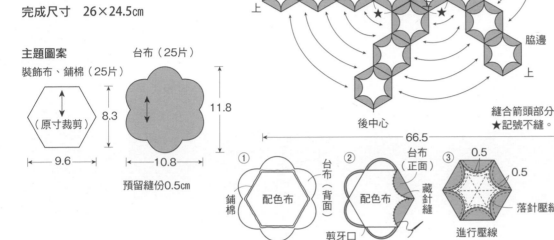

主題圖案
裝飾布、鋪棉（25片）

（原寸裁剪）

8.3
9.6

台布（25片）

11.8
10.8
預留縫份0.5cm

本體
上
脇邊
脇邊
脇邊
上
脇邊
上
上
前中心
後中心
67.1
66.5
縫合箭頭部分
★記號不縫。

①
配色布
鋪棉
台布
（背面）
台布叠合鋪棉、
配色布

②
台布
（正面）
配色布
藏針縫
剪牙口
摺叠台布的邊飾部分，
在配色布上進行藏針縫。

③
0.5
0.5
落針壓縫
進行壓線

縫製方法

①
捲針縫
主題圖案
（背面）
主題圖案正面相對叠合，
以捲針縫進行縫合。

②
本體
（背面）
★
★
★
對摺★部分，
以捲針縫進行縫合。

③
提把
提把
提把穿入布條
縫合固定

提把
對摺
的布條
3

布條4條
1.5
8
（原寸裁剪）

◆材料
焦茶色斑染風印花布80×45cm（包含提把部分）　茶色斑染
風印花布90×70cm　鋪棉80×70cm　胚布80×60
cm　domett鋪棉10×45cm

◆作法順序
拼接A至C布片，完成22片圖案→表布與胚布正面相對叠合
鋪棉，縫合周圍→翻回正面，進行壓線→依圖示完成製作。

完成尺寸　30×29.5cm

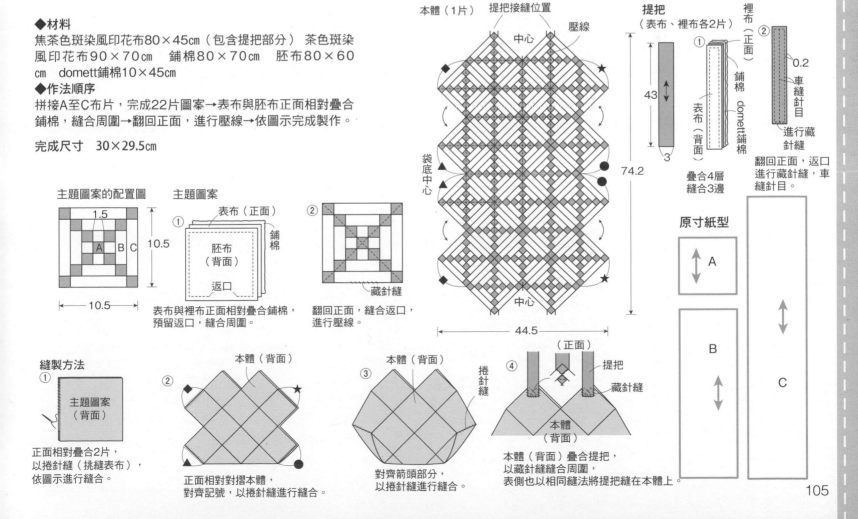

主題圖案的配置圖
1.5
A B C
10.5
10.5

主題圖案
①
鋪棉
胚布
（背面）
返口
表布與裡布正面相對叠合鋪棉，
預留返口，縫合周圍。

②
藏針縫
翻回正面，縫合返口，
進行壓線。

本體（1片）
提把接縫位置
壓線
中心
袋底中心
中心
74.2
44.5

提把
（表布、裡布各2片）
43
3

①
表布
（正面）
鋪棉
domett鋪棉
叠合4層
縫合3邊

②
裡布
（正面）
0.2
車縫針目
進行藏針縫
翻回正面，返口
進行藏針縫，車
縫針目。

原寸紙型
A
B
C

縫製方法

①
主題圖案
（背面）
正面相對叠合2片，
以捲針縫（挑縫表布），
依圖示進行縫合。

②
本體（背面）
正面相對對摺本體，
對齊記號，以捲針縫進行縫合。

③
本體（背面）
捲針縫
對齊箭頭部分，
以捲針縫進行縫合。

④
（正面）
提把
藏針縫
本體（背面）
本體（背面）叠合提把，
以藏針縫縫合周圍，
表側也以相同縫法將提把縫在本體上。

◆材料

各式拼接、貼布縫、包釦用布片　A用布110×50cm（包含後片、後口袋、提把、側身、寬4cm滾邊用斜布條部分）　鋪棉、胚布各50×80cm（包含側身、後口袋胚布部分）　胚布60×30cm　寬2.5cm提把用平面織帶70cm　直徑1.2cm包釦心18顆　寬2.5cm魔鬼氈1.5cm　直徑0.2cm串珠5顆　25號黃綠色繡線適量

◆作法順序

製作「圖案⊖」12片，「圖案⊗」與「圖案⊓」各18片後，進行拼接→接縫A與圖案部分，完成表布→後口袋表布進行貼布縫→前片、後片、後口袋、側身表布疊合鋪棉與胚布，進行壓線→前片、後片、側身、後口袋上部縫份進行滾邊→製作提把→依圖示完成縫製

◆作法重點

○完成壓線後，將前片包釦與布片固定於指示位置。

完成尺寸　24×24cm

包釦

（18片）

原寸裁剪
直徑3.5cm

包釦心

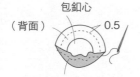

（背面）　0.5

進行平針縫，放入包釦心，收緊縫線。

前片

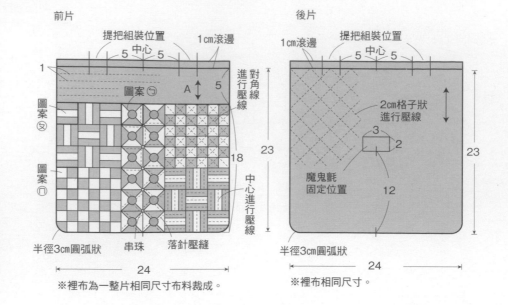

提把組裝位置　5　中心　5　1cm滾邊
1
圖案⊖
圖案⊗
圖案⊓
進行對角線壓線
A
5
23
18
中心進行壓線
半徑3cm圓弧狀　串珠　落針壓縫
24
※裡布為一整片相同尺寸布料裁成。

後片

提把組裝位置
1cm滾邊　5　中心　5
2cm格子狀進行壓線
3
2
23
魔鬼氈固定位置
12
半徑3cm圓弧狀
24
※裡布相同尺寸。

後口袋

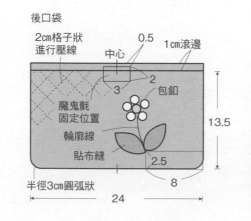

2cm格子狀進行壓線
中心　0.5　1cm滾邊
3　2　包釦
魔鬼氈固定位置
輪廓線
貼布縫
13.5
2.5
半徑3cm圓弧狀　8
24

側身

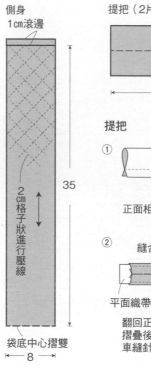

1cm滾邊
2cm格子狀進行壓線
35
袋底中心摺雙
8

提把（2片）

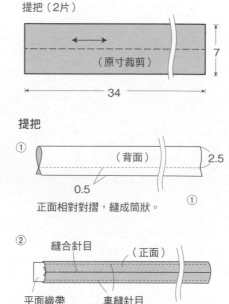

（原寸裁剪）
7
34

提把

①
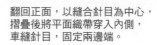
（背面）　2.5
0.5
①
正面相對對摺，縫成筒狀。

②
縫合針目　（正面）
平面織帶　車縫針目
翻回正面，以縫合針目為中心，摺疊後將平面織帶穿入內側，車縫針目，固定兩邊端。

圖案⊖（12片）
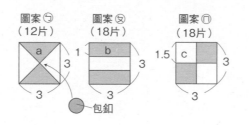
a
3
3
包釦

圖案⊗（18片）
1　b
3
3

圖案⊓（18片）
1.5　c　3
3

縫製方法

①
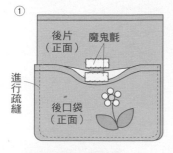
後片（正面）　魔鬼氈
進行疏縫
後口袋（正面）
後片上部進行滾邊後，疊合口袋，進行疏縫。以藏針縫固定魔鬼氈。

②

後片（正面）
前片（背面）
側身（正面）
前片・後片與側身，正面相對疊合後進行縫合。

③
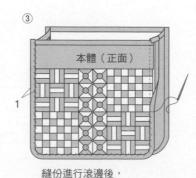
本體（正面）
1
縫份進行滾邊後，將本體翻向背面。

④

提把（背面）　提把縫合固定
藏針縫
裡布（正面）
本體（背面）
縫合固定提把，摺入裡布縫份，進行藏針縫。

◆材料

相同　長24cm附活動鉤的皮革提把1條
　　　25號繡線各適量

No.63　側面用布60×15cm（包含袋底
　　　布、處理袋口用布、裡布部
　　　分）屋頂用布15×10cm　窗、
　　　門用布10×5cm　單膠鋪棉
　　　25×20cm　直徑1cm鈕釦1
　　　顆　寬0.5cm吊耳用布條5cm

No.62　側面用布20×15cm　屋頂用布
　　　15×15cm　窗・門用布、雙面
　　　接著襯5×5cm　裡布20×25cm
　　　（包含處裡袋口用布部分）單
　　　膠鋪棉25×25cm　直徑1cm鈕
　　　釦1顆　內尺寸1cm的D形環1
　　　個　寬1cm吊耳用布條5cm

◆作法順序

No.63　製作袋身、屋頂與袋底→製作
　　　袋底取出口→袋身、屋頂、袋
　　　底進行梯形縫。

No.62　進行拼接、貼布縫，完成本體
　　　表布→製作本體與袋底→製作
　　　袋底取出口→本體與袋底進行
　　　梯形縫。

No.63

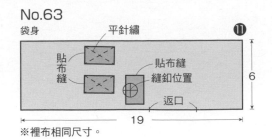

袋身　平針繡　⓫
貼布縫　貼布縫　縫釦位置　返口
6　19
※裡布相同尺寸。

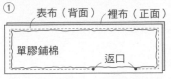

袋身（屋頂、袋底相同）
① 表布（背面）　裡布（正面）
單膠鋪棉　返口
表布進行貼布縫後，背面黏貼鋪棉，
正面相對疊合裡布，預留返口，進行縫合。

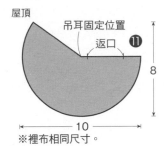

屋頂　吊耳固定位置　返口　⓫
8　10
※裡布相同尺寸。

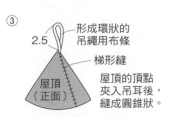

② 裡布（正面）
（正面表布）
翻回正面，
縫合返口，
併攏兩邊端，
以梯形縫縫合固定。

③ 2.5　形成環狀的吊繩用布條　梯形縫
屋頂（正面）
屋頂的頂點夾入吊耳後，縫成圓錐狀。

袋底　返口

取出口用布　（原寸裁剪）

原寸紙型
No.63　9.5×6cm
No.62　6×6cm

直徑6cm　直徑5cm
※裡布相同尺寸。

取出口

① 袋口布（背面）　底布（正面）　縫合　1　0.5
對齊中心，正面相對疊合，將袋口布縫於底部。

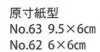

② 0.5　剪牙口　挖空
挖空縫線內側部分縫份剪牙口。

③ 袋口布（正面）　藏針縫　袋口布（背面）袋底
袋口布翻向正面，摺入邊端0.5cm，進行藏針縫。

縫製方法

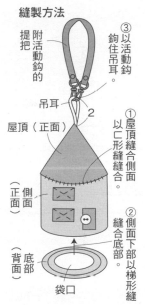

提把　附活動鉤的　③鉤住吊耳　以活動鉤的
吊耳　2
屋頂（正面）　①屋頂縫合側面以ㄷ形縫縫合。
正側面（面）　②側面下部以梯形縫
背面底部
袋口

No.62 本體

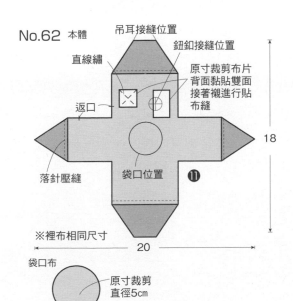

吊耳接縫位置　鈕釦接縫位置
直線繡　原寸裁剪布片背面黏貼雙面接著襯進行貼布縫
返口
落針壓縫　袋口位置　⓫
18　20
※裡布相同尺寸。
袋口布　原寸裁剪　直徑5cm

縫製方法

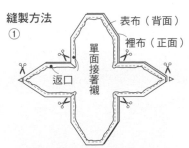

① 表布（背面）　裡布（正面）　單面接著襯　返口
表布進行貼布縫後，背面黏貼鋪棉，正面相對疊合裡布，預留返口，進行縫合。角上剪牙口，修剪屋頂縫份。

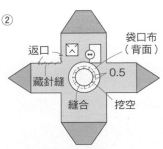

② 返口　袋口布（背面）　藏針縫　0.5　縫合　挖空
翻回正面，縫合返口，正面相對疊合，在袋口位置縫合袋口布，挖空內側。

③ 藏針縫　本體（背面）　袋口　袋口布（正面）
袋口布翻向正面，摺入邊端0.5cm，進行藏針縫。

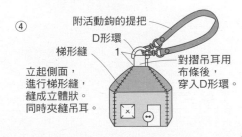

④ 附活動鉤的提把　D形環　梯形縫　1　對摺吊耳用布條後，穿入D形環。
立起側面，進行梯形縫，縫成立體狀。同時夾縫吊耳。

◆**材料**

各式拼接用布片　水藍色圖案印花布45×35cm　網布20×35cm　滾邊用平織格紋布40×40cm（包含吊耳部分）　鋪棉、胚布各60×35cm　直徑1cm按釦1組

◆**作法順序**

拼接A至D布片，完成3片圖案，接縫E與F，完成前片表布→疊合鋪棉與胚布，進行壓線→後片也以相同作法進行壓線，暫時固定網布口袋→前片與後片正面相對疊合，縫合脇邊→翻回正面，進行上下滾邊（夾縫吊耳）→下部滾邊的兩端分別進行藏針縫8cm→固定按釦。

◆**作法重點**

○以立針捲針縫或Z字縫處理脇邊縫份。

完成尺寸　25×30cm

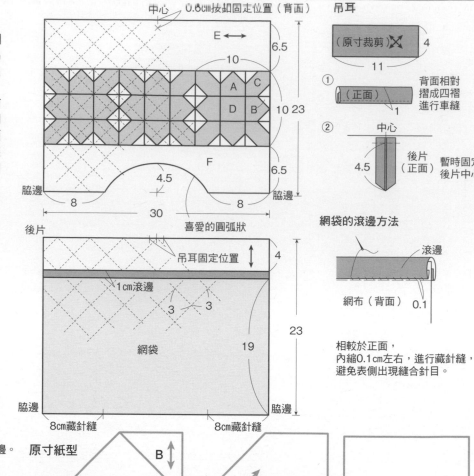

縫製方法

① 後片（正面）／網袋（正面）

後片暫時固定網袋

② 前片（背面）

正面相對疊合前片，縫合脇邊。

③ 1cm滾邊　寬4cm斜布條（背面）

（正面）

翻回正面，上下皆進行滾邊，以藏針縫縫剩下的兩端。

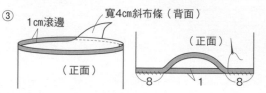

原寸紙型　A B C D

刺繡方法

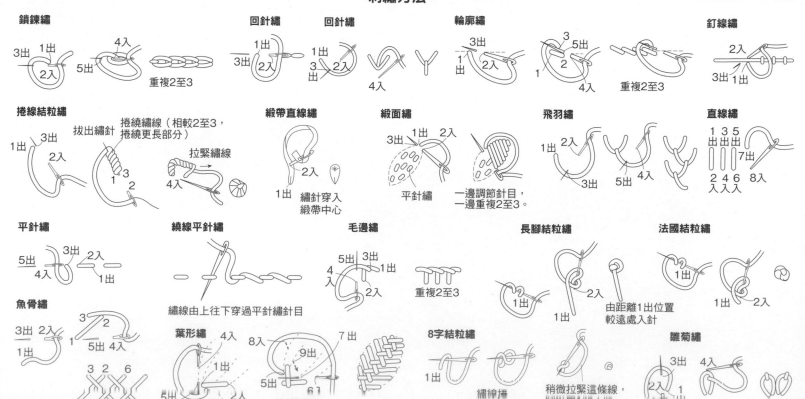

鎖鍊繡　回針繡　回針繡　輪廓繡　釘線繡

捲線結粒繡　緞帶直線繡　緞面繡　飛羽繡　直線繡

平針繡　繞線平針繡　毛邊繡　長腳結粒繡　法國結粒繡

魚骨繡　葉形繡　8字結粒繡　雛菊繡

◆材料

各式拼接用布片　淺藍色印花布55×35cm（包含側身部分）
鋪棉、胚布（包含安裝磁釦小布片部分）各50×45cm　直徑
1cm縫式磁釦2組　接著襯適量

◆作法順序

拼接A至E布片，完成表布→疊合鋪棉後，與胚布正面相對疊
合，進行縫合→翻回正面，進行壓線→側邊部分也以相同作法
製作→依圖示完成縫製。

◆作法重點

○沿著車縫針目邊緣，裁剪盒身與側邊周圍的鋪棉。

完成尺寸　12×26×9.5cm

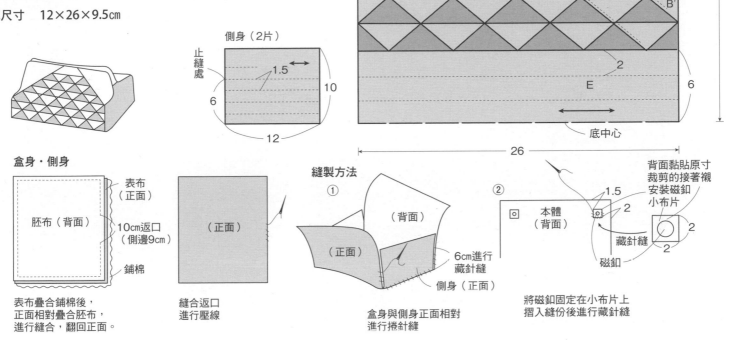

本體

落針壓縫

10.4

8.8

21.4

C

D'

D

A

B

B'

2

E

6

底中心

26

側身（2片）

止縫處

1.5

10

6

12

盒身・側身

表布（正面）

胚布（背面）

10cm返口（側邊9cm）

鋪棉

表布疊合鋪棉後，
正面相對疊合胚布，
進行縫合，翻回正面。

（正面）

縫合返口
進行壓線

縫製方法

①

（背面）

（正面）

6cm進行藏針縫

側身（正面）

盒身與側身正面相對
進行捲針縫

②

本體（背面）

1.5

2

2

藏針縫

磁釦

2

背面黏貼原寸
裁剪的接著襯
安裝磁釦
小布片

2

將磁釦固定在小布片上
摺入縫份後進行藏針縫

◆材料

藏青色印花布（包含裝飾片）、淺藍色印花
布各55×30cm　滾邊用布45×10cm（包含
拉鍊尾片部分）　鋪棉、胚布各45×45
cm　長15cm拉鍊2條　直徑1cm縫式磁釦2組

◆作法順序

進行拼接，完成表布→疊合鋪棉後，與胚布
正面相對疊合，縫合脇邊→翻回正面，進行
壓線→進行滾邊，處理上下→依圖示完成縫
製，安裝拉鍊與固定磁釦。

完成尺寸　20×37cm（平面狀態）

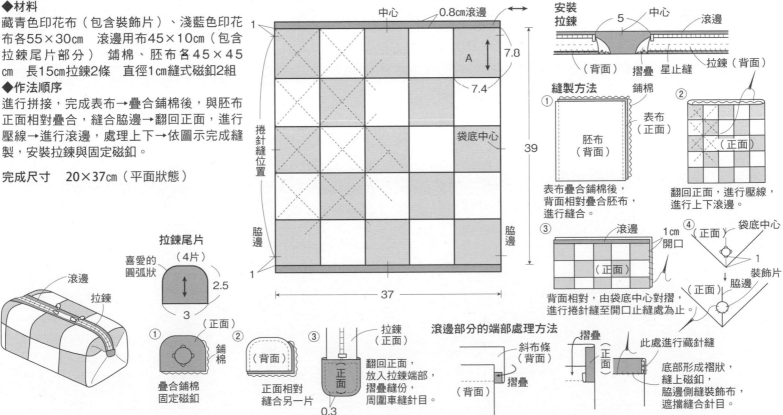

中心

0.8cm滾邊

A

7.8

7.4

捲針縫位置

袋底中心

39

脇邊

脇邊

1

1

37

安裝拉鍊

中心

5

滾邊

（背面）

摺疊　星止縫

拉鍊（背面）

縫製方法

鋪棉

①

胚布（背面）

表布（正面）

表布疊合鋪棉後，
背面相對疊合胚布，
進行縫合。

②

（正面）

翻回正面，進行壓線，
進行上下滾邊。

③

滾邊

（正面）

背面相對，由袋底中心對摺，
進行捲針縫至開口止縫處為止。

④

1cm開口

（正面）

袋底中心

脇邊

裝飾片

1

滾邊

拉鍊

拉鍊尾片（4片）

喜愛的圓弧狀

2.5

3

（正面）

①

鋪棉

疊合鋪棉
固定磁釦

②

（背面）

正面相對
縫合另一片

③

正面

拉鍊（正面）

翻回正面，
放入拉鍊端部，
摺疊縫份，
周圍車縫針目。

0.3

滾邊部分的端部處理方法

斜布條（背面）

摺疊

（背面）

摺疊

（正面）

此處進行藏針縫

底部形成褶狀，
縫上磁釦，
脇邊側縫裝飾布，
遮擋縫合針目。

No.57 迷你壁飾 ●紙型B面⑲（B布片的原寸紙型＆貼布縫圖案）

◆材料
各式拼接用、貼布縫用布片　B用布40×30㎝　C用布
20×20㎝　鋪棉、胚布各45×45㎝　寬3.5㎝滾邊用斜布條
165㎝　直徑1.2㎝包釦心8顆　金線、25號繡線各適量

◆作法順序
拼接A布片→A布片周圍接縫B與C布片→製作包釦，B布片進
行羽毛貼布縫→在A、B、C布片的接縫處進行羽毛繡→疊合鋪
棉與胚布，進行壓線→在B布片上進行鎖鍊繡→進行周圍滾邊
（請參照P.82，角上進行畫框式包邊）。

完成尺寸　40.5×40.5㎝

包釦

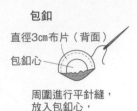

直徑3㎝布片（背面）

包釦心

周圍進行平針縫，
放入包釦心，
收緊縫線。

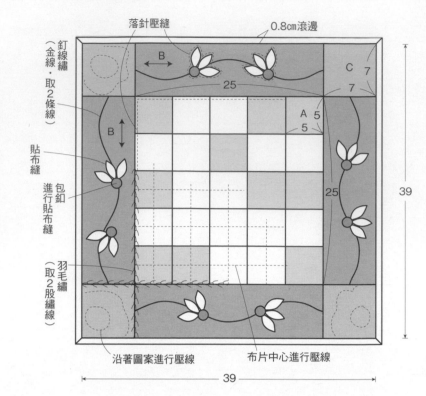

落針壓縫　　0.8㎝滾邊
釘線繡（金線・取2條線）
B
C　7
25　　7
A　5
B　5
貼布縫
包釦
進行貼布縫
羽毛繡（取2股繡線）
39
25
39
沿著圖案進行壓線　　布片中心進行壓線

No.46 兔子造型玩偶 ●紙型A面⑤

◆材料
米黃色羊毛材質布料90×45㎝　耳
朵與鼻尖用粉紅色先染布、單膠鋪
棉、薄接著襯各15×10㎝　直徑1.4
㎝包釦心、直徑0.6㎝紅色鈕釦各2
顆　填充用塑膠粒約160g　棉花約
130g　25號粉紅色、米黃色繡線各
適量

◆作法順序
製作各部位→依圖示完成縫製。

◆作法重點
○預留縫份0.7㎝。但鼻子預留1.5
㎝，尾巴預留2㎝。

完成尺寸　41×41㎝

鼻子與尾巴

鼻子　1.5　尾巴　2

記號

進行平針縫，塞入棉花，收緊縫線。
（鼻子放入紙型，收緊縫線）

頭部

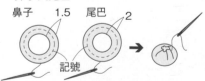

手　腳
返口　返口

（背面）　（背面）

燙開縫份
燙開腳的縫份

對稱形各1片，正面相對疊合，預留返口，
進行縫合

頭部

① 中心側（背面）（正面）

② 燙開縫份（背面）返口

③ 以疏縫線縫合縫份，稍微拉緊縫線後，縫份倒向內側。（正面）

對稱形各1片，　翻回正面，　翻回正面，塞入棉花。
正面相對疊合，　2片正面相對疊合，（包含用布約27g）
進行縫合，製作2片。縫合周圍。

耳朵

① 耳朵前片　耳朵後片　② （背面）（正面）

③ （背面）　④

貼布縫

對稱形，共準備2片，　前片與後片　翻回正面　摺入下部縫份，
前片背面黏貼原寸裁剪　正面相對疊合　塞入少量　進行藏針縫，
的單膠鋪棉，後片背面　由記號縫至記號　棉花　對摺後，
黏貼原寸裁剪的薄接著　　　　　　　　　　再次進行藏針縫。
襯。

身體

① （正面）　② 燙開縫份（背面）

（背面）

對稱形各1片，　翻回正面，
背面相對疊合，　2片正面相對疊合，
進行縫合，製作2片。進行縫合。

③ 側面（背面）底部（背面）

④ 棉花
塑膠粒120g

正面相對疊合底部，　翻回正面
進行縫合。　依序塞入
　　　　　　棉花→塑膠粒→棉花
　　　　　　（包含用布約180g）

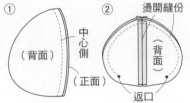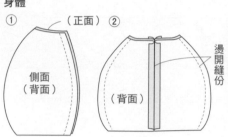

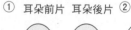

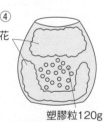

手　腳

摺入開口縫份縫合固定

縫合開口

棉花　塑膠粒10g

摺疊後縫合固定
調整將接縫至中心

塑膠粒10g

翻回正面，塞入棉花和塑膠粒
包含用布，重量以手16g，腳20g為大致基準。

縫製方法

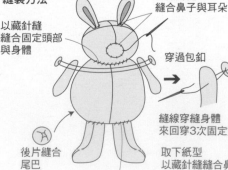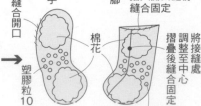

以藏針縫縫合鼻子與耳朵
以藏針縫縫合固定頭部與身體
穿過包釦

後片縫合尾巴

以藏針縫縫合雙腳

縫線穿縫身體來回穿3次固定雙手

取下紙型以藏針縫縫合鼻子

鼻子進行貼布縫
進行刺繡
縫上眼睛用串珠進行刺繡

房屋圖案製圖方法

以P.28至P.39介紹的房屋圖案作品為例，解說6款圖案的製圖方法。請依喜好完成不同尺寸的房屋圖案，廣泛地運用。同時解說基本的接縫順序。

※箭頭為縫份倒向。

作法簡單，以少量布片構成的房屋圖案。

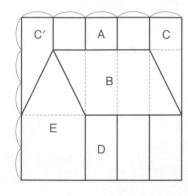
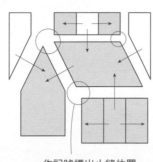

作記號標出止縫位置
進行鑲嵌拼縫

窗戶較多的房屋圖案

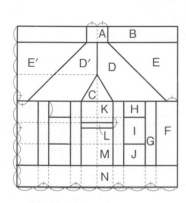
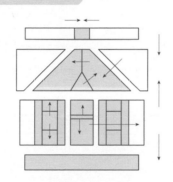

圖案變化組合➡
加長牆壁與窗戶區塊，
增加窗戶數量，
完成兩層樓房屋圖案（P.39）。

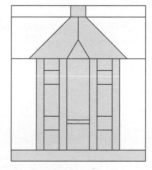

山丘上的房屋圖案

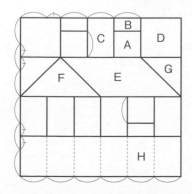
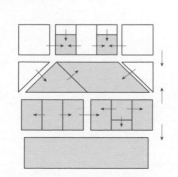

屋頂設置1根煙囪的房屋圖案

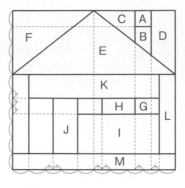
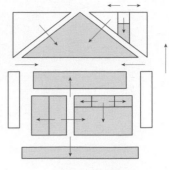
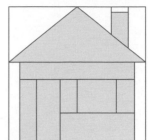

圖案變化組合➡
加大右側窗戶，加長煙囪，
刪除地面部分（P.35）。

設置大窗戶的房屋圖案

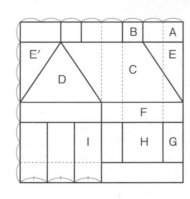
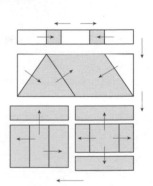

設置細長窗戶的房屋圖案

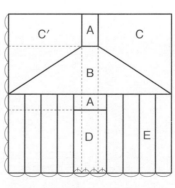
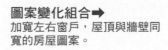
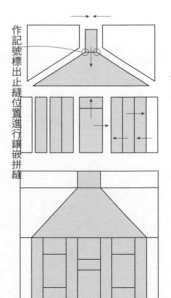

作記號標出止縫位置進行鑲嵌拼縫

圖案變化組合➡
加寬左右窗戶，屋頂與牆壁同
寬的房屋圖案。

PATCHWORK 拼布教室 k

國家圖書館出版品預行編目(CIP)資料

Patchwork拼布教室.17：福氣滿屋！可愛&人氣的房子造型拼布特集 / BOUTIQUE-SHA授權；彭小玲・林麗秀譯.
-- 初版. -- 新北市：雅書堂文化, 2020.02
面；　公分. -- (PATCHWORK拼布教室；17)
譯自：パッチワーク教室2020冬號
ISBN 978-986-302-528-3(平裝)

1.拼布藝術 2.手工藝

426.7　　　　　　　　　　　　　　108023390

授　　　　權／BOUTIQUE-SHA
譯　　　　者／彭小玲・林麗秀
社　　　　長／詹慶和
執 行 編 輯／黃璟安
編　　　　輯／蔡毓玲・劉蕙寧・陳姿伶・陳昕儀
封 面 設 計／韓欣恬
美 術 編 輯／陳麗娜・周盈汝
內 頁 編 排／造極彩色印刷
出　版　者／雅書堂文化事業有限公司
發　行　者／雅書堂文化事業有限公司
郵 政 劃 撥 帳 號／18225950
郵 政 劃 撥 戶 名／雅書堂文化事業有限公司
地　　　　址／新北市板橋區板新路206號3樓
電　　　　話／(02)8952-4078
傳　　　　真／(02)8952-4084
網　　　　址／www.elegantbooks.com.tw
電 子 郵 件／elegant.books@msa.hinet.net

原書製作團隊

編 輯 長／関口尚美
編輯協力／佐佐木純子・三城洋子
攝　　影／腰塚良彦・島田佳奈（以上本誌）・山本和正
設　　計／萩原聰美（本誌）・小林郁子・多田和子
　　　　　松田祐子・松本真由美・山中みゆき
製　　圖／大島幸・小山惠美・小坂恒子
　　　　　櫻岡知榮子・為季法子
繪　　圖／木村倫子・三林よし子
紙型描圖／共同工芸社・松尾容巳子

2020年02月初版一刷　定價／380元

總經銷／易可數位行銷股份有限公司
地址／新北市新店區寶橋路235巷6弄3號5樓
電話／（02）8911-0825　傳真／（02）8911-0801